高等职业教育
通识类课程新形态教材

主 编 邓国萍 葛 鑫
副主编 朱安澜 周泽维

中国水利水电出版社
www.waterpub.com.cn

·北京·

内容简介

本书是校企"双元"协同开发的素质教育活页式教材，立足学校素质教育教学特色，根据行业企业需求、社会发展需求及学生个体需求，将落实"立德树人"与铸就"大国工匠"紧密结合，加强对学生的价值塑造与行为指引。

全书共5个部分，内容以乌金礼赞为切入点，通过对砺苦奋斗、谨信为人、惟精惟一、弘毅宽厚等校训文化内涵的探索，构建出立足校园文化传统与职业素养需求的"知行渐融"实践育人框架。通过在每个教学单元设置读—议—写—做—评5个教学版块，将习近平新时代中国特色社会主义思想、中国传统文化、劳动精神、劳模精神、工匠精神等思政元素与以校训为核心的校园文化相结合，在课前、课中、课后为读者提供形式多样的学习内容。本书形式新颖，活页立体化的设计兼具知识性与趣味性，体现了职业教材的特色风格和发展趋势。

本书可作为职业院校职业素养教育的教材，同时也可供学校开展文化建设参考。

图书在版编目（CIP）数据

乌金赋能 / 邓国萍，葛鑫主编. -- 北京：中国水利水电出版社，2022.12
高等职业教育通识类课程新形态教材
ISBN 978-7-5226-1073-3

Ⅰ.①乌… Ⅱ.①邓… ②葛… Ⅲ.①职业道德—高等职业教育—教材 Ⅳ.①B822.9

中国版本图书馆CIP数据核字(2022)第208186号

策划编辑：石永峰　责任编辑：王玉梅　加工编辑：周益丹　装帧设计：梁　燕

书　　名	高等职业教育通识类课程新形态教材 **乌金赋能** WUJIN FU NENG	
作　　者	主　编　邓国萍　葛　鑫 副主编　朱安澜　周泽维	
出版发行	中国水利水电出版社 （北京市海淀区玉渊潭南路1号D座　100038） 网　址：www.waterpub.com.cn E-mail：mchannel@263.net（答疑） 　　　　sales@mwr.gov.cn 电　话：（010）68545888（营销中心）、82562819（组稿）	
经　　售	北京科水图书销售有限公司 电话：（010）68545874、63202643 全国各地新华书店和相关出版物销售网点	
排　　版	北京万水电子信息有限公司	
印　　刷	三河市德贤弘印务有限公司	
规　　格	184mm×260mm　16开本　10.75印张　149千字	
版　　次	2022年12月第1版　2022年12月第1次印刷	
印　　数	0001—2000册	
定　　价	59.00元	

凡购买我社图书，如有缺页、倒页、脱页的，本社营销中心负责调换
版权所有·侵权必究

前言

  2021年4月，全国职业教育大会创造性提出了建设技能型社会的理念和战略；同年10月，中共中央办公厅、国务院办公厅印发了《关于推动现代职业教育高质量发展的意见》，明确到2035年，职业教育整体水平进入世界前列，技能型社会基本建成；2022年，新修订的《中华人民共和国职业教育法》首次以法律形式提出"建设技能型社会"愿景。当前，培养服务技能型社会建设的高素质技术技能人才成为现代职业教育重要的时代使命，要促进学生职业技能提升和职业精神培养进一步融合，必须重新审视高技能人才在技能和素养两方面的综合培养。

  重庆工程职业技术学院作为新中国第一批采煤专业学校，因国家工业振兴而生，依煤炭工业建设而立，随能源行业发展而兴，在职教办学过程中积淀了以"开拓""务实""奋斗""奉献"为内涵的乌金文化，并在70多年育人实践中将"砺苦谨信、惟精弘毅"的校训发扬光大。

为进一步落实《习近平新时代中国特色社会主义思想进课程教材指南》（国教材〔2021〕2号）要求，扎实推进习近平新时代中国特色社会主义思想进课程教材，全面增强课程教材铸魂育人功能，落实立德树人根本任务，培养德智体美劳全面发展的社会主义建设者和接班人，我们编写了《乌金赋能》。本书是与校企合作企业（潍柴动力股份有限公司重庆分公司）"双元"协同开发的素质教育活页式教材，立足重庆工程职业技术学院素质教育教学特色，回应行业企业需求、社会发展需求及学生个体需求，将落实"立德树人"与铸就"大国工匠"紧密结合。

教材包括"乌金礼赞""砺苦奋斗""谨信为人""惟精惟一""弘毅宽厚"5个部分，围绕对学校乌金精神的认知和实践，通过梳理，对校训（砺苦、谨信、惟精、弘毅）这一独特校园文化视角探索新的思政教育路径，构建出"认知—认同—培育—践行"合一的"知行渐融"实践育人模式。

教材每个单元包含了"习语金句""榜样引领""经典传承""知识学习"等板块，设置读一读、议一议、写一写、做一做等环节，充分尊重学生的学习主体性。教材以图文并茂的方式生动呈现内容，以扫码阅读的云阅读方式、活页式的教材组织模式对教材及时更新，不断丰富，以随章"留白"的方式为学生亦学亦思提供充分的空间。

苏联著名教育家苏霍姆林斯基曾说过："要使学校的墙壁也说话。"一场精彩深刻的学术报告可以发人深省，一部优秀的爱国主义影片可以使人热血沸腾，一场别开生面的文艺演出可以使人心潮澎湃。也许，这本并不深奥的特色教材可以使学生掩卷覃思，助其躬行致远。

本书由重庆工程职业技术学院邓国萍、葛鑫任主编，朱安澜、周泽维任副主编。乌金礼赞、第一单元由葛鑫编写，第二单元、第三单元由邓国萍编写，第四单元由周泽维编写，全书插画由朱安澜设计绘制。这里特别感谢重庆工程职业技术学院易俊教授、谭绍华教授在本书编写过程中提供的帮助、指导。书中为了教学需要，参阅了网络资料，在此谨向资料的原创作者致以真挚的感谢！

希望通过本书能给职业院校职业素养教育的理论研究和实践研究提供一些参考，但由于编者水平有限，书中难免存在疏漏之处，恳请专家与读者予以指正。

编者

2022 年 8 月

目录

前言

乌金礼赞 / 1

第一单元　砺苦奋斗 / 5

    读一读 / 6

        1. 习语金句 / 8

        2. 榜样引领 / 10

        3. 经典传承 / 13

        4. 知识学习 / 18

    议一议 / 26

    写一写 / 28

    做一做 / 31

    评一评 / 36

    延伸阅读 / 37

第二单元　谨信为人 / 47

    读一读 / 48

        1. 习语金句 / 50

        2. 榜样引领 / 52

        3. 经典传承 / 56

        4. 知识学习 / 60

    议一议 / 70

    写一写 / 72

    做一做 / 76

    评一评 / 80

    延伸阅读 / 81

第三单元　惟精惟一 / 87

读一读 / 88

    1. 习语金句 / 90

    2. 榜样引领 / 92

    3. 经典传承 / 96

    4. 知识学习 / 100

议一议 / 106

写一写 / 109

做一做 / 110

评一评 / 116

延伸阅读 / 119

第四单元　弘毅宽厚 / 133

读一读 / 134

    1. 习语金句 / 136

    2. 榜样引领 / 138

    3. 经典传承 / 142

    4. 知识学习 / 146

议一议 / 152

写一写 / 154

做一做 / 156

评一评 / 158

延伸阅读 / 159

参考文献 / 163

学校官方微信虚拟形象代言人"工小程"

煤的前世

  煤是植物遗体经过生物化学作用和物理化学作用而转变成的沉积有机矿产，是多种高分子化合物和矿物质组成的混合物，主要被人类开采用作燃料。中国是世界上最早利用煤的国家。辽宁省新乐古文化遗址中，人们就发现有煤制工艺品，河南巩义市也发现有西汉时用煤饼炼铁的遗址。《山海经》中古人称煤为石涅，魏、晋时称煤为石墨或石炭。明代李时珍的《本草纲目》首次使用煤这一名称。希腊和古罗马也是用煤较早的国家，希腊学者泰奥弗拉斯托斯在公元前约300年著有《石史》，其中记载了煤的性质和产地，古罗马大约在2000年前已开始用煤加热。

  那么，煤炭是怎么形成的呢？大约3亿年前，出现了一个被地理学家称为石炭纪的时代。石炭纪的树木死亡后，倒在地面。由于那时的地面大多是沼泽，这些植物残骸却没有被微生物分解，基本保持原有状态。随着时间的流逝，越来越多的树木倒在了早先死亡树木的上面，下层的树木受到后来倒下树木覆盖层的压迫，再经来自地球内部热量的加热，促使这些树木残骸逐渐丧失了挥发性元素，变成一种越来越接近纯碳的物质。

煤的今生

煤炭被人们誉为黑色的金子，它是18世纪以来人类使用的主要能源之一。可以说，煤炭是工业革命的助推器。18世纪60年代，工业革命在英国开始，纺织业的发展需要大量的蒸汽，木材无法提供大量的蒸汽，同时木材危机致使英国人大量使用煤炭，并利用气压等科学原理发明蒸汽机解决煤矿的排水问题，煤炭的利用催生了蒸汽机的发明。

煤炭是现代化学工业的源头。煤炭除了作为燃料以取得热量和动能以外，更为重要的是从中制取冶金用的焦炭和制取人造石油，即煤的低温干馏的液体产品——煤焦油。经过化学加工，从煤炭中能制造出成千上万种化学产品，如煤炭中往往含有许多放射性和稀有元素如铀、锗、镓等，这些放射性和稀有元素是半导体和原子能工业的重要原料。

煤炭对于现代化工业来说，无论是重工业，还是轻工业；无论是能源工业、冶金工业、化学工业、机械工业，还是轻纺工业、食品工业、交通运输业，都发挥着重要的作用，各种工业部门都在一定程度上消耗一定量的煤炭，因此有人称煤炭是工业的"真正的粮食"。

煤的未来

煤炭、石油、天然气，这些埋存在地下经过数亿年沉淀而形成的化石资源见证了人类工业革命以来的种种变迁。物转星移，面对全球气候变化的新挑战，传统化石能源将何去何从？如何安全稳定地实现能源绿色转型？

我国化石能源资源的基本情况是"富煤、贫油、少气"。煤炭是我国能源产业主导资源，也是基础工业主要的原料和燃料。加快煤炭行业高质量发展，既能发挥煤炭对能源安全供应的兜底作用，也能为构建新型电力系统、建设现代能源体系保驾护航。在国家政策的激励和支持下，通过煤炭煤电企业的积极变革和技术创新，相信煤炭行业能够在碳达峰、碳中和战略要求下，完成华丽转身，实现更绿色、更安全、更高效的发展目标，承担起保障我国能源行业安全稳定发展的重任。

煤的隐喻

地下有了煤，地上便有了取煤之人。严酷的自然条件锻造了一代代采煤者独有的风骨，升华了煤矿工人的自身价值。乌金是人们对煤炭的美誉，充分展示了人们对煤炭的珍爱之情，人们将煤炭行业孕育的精神称为乌金精神，以赞誉煤对人类文明推进的贡献，以及煤炭工人在煤的利用历史中所体现出的优良品质。

2005年春节前夕，时任浙江省省委书记的习近平来到长广煤矿浙江矿区，乘罐笼下到近千米的井底，弯腰弓身沿着低矮狭窄的斜井走了1500多米，来到采矿点看望慰问在井下采煤的工人。采煤工人个个汗流浃背，被煤粉染得浑身墨黑。他对工人们说："正是由于你们的辛勤劳动，才给社会带来了光明，带来了文明。"

煤炭工业的发展见证着共和国的建立和成长，而重庆工程职业技术学院70余年的发展变化则是煤炭工业发展的一个缩影。自1951年10月建校以来，历经70余个春秋，学校为煤炭工业和国家经济建设培养了10余万名中高级专业技术人才和管理人才，走过中专教育、高职教育两个发展阶段，两迁校址、三拓校区、九易隶属、十更校名，北碚沙坝刘家祠堂艰辛办学的场景犹然在目，如今的工程职院更加生机勃勃，正向世人展示着蓬勃发展的光明前景。

看似寻常最奇崛，成如容易却艰辛。是什么样的精神和力量激励工程人披荆斩棘、砥砺奋进？重庆工程职业技术学院因煤而建，因煤而兴，工程人一路走来，乌金精神为学院的持续发展、内涵发展奠定了基础，积累了经验，积蓄了动力，铸成了砺苦谨信、惟精弘毅的学校精神。正是无数工程人，靠着一代接着一代干的拼搏精神，每一代人、每一个人各尽其责、苦干实干、全力以赴，激荡出无往不至、无坚不摧的磅礴力量，让工程职院始终葆有勃勃生机、旺盛活力，让学校发展始终拥有坚实基础、不竭动力。

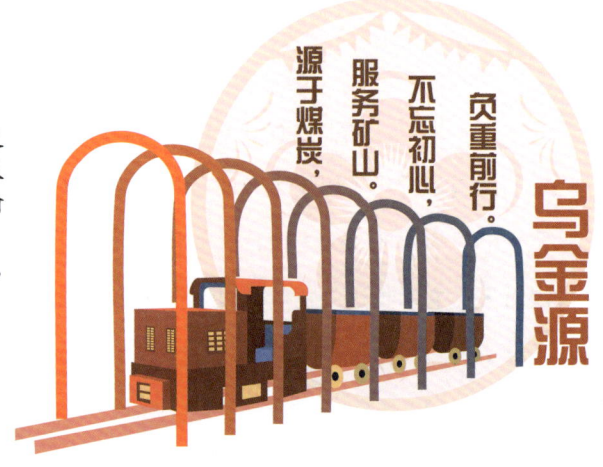

日夜穿梭于工作面与煤坪之间，把成千上万吨乌金，从百丈井下，源源不断地运输出来。
学校《乌金源：小火车》雕塑，位于惟精楼后的林荫马路。

第一单元 砥砺奋斗

师生可以从 www.wsbookshow.com 网站查找本书，下载"砥砺奋斗"系列的主题班会 PPT 模板、毕业答辩 PPT 模板等。

读一读

"贝尝砺苦方成珠"。高职院校的学生，是面向生产第一线的高素质技术技能人才。吃苦耐劳，在艰苦的环境中磨砺品格，是首要的素质，也是成才优势。

学习方法

读一读

阅读教材和登录相关网站，正确理解砺苦奋斗的含义。

议一议

教师讲授结合小组讨论的方法学习知识点，提升学生思辨力，加深对砺苦奋斗的认识。

写一写

把对知识点的理解外化，明确正确的价值遵循。

做一做

结合实际，付诸实施，实现自我提升、自我感悟。

我们的目标

正确理解新时代**吃苦的含义**，

辩证看待**苦与乐的关系**，

感受吃苦精神对个人**成长成才的作用**，

学会在艰苦的环境中**磨砺品格**，

勇挑重担、知难而上，

在砺苦奋斗中磨练本领、成长成才。

在校学习期间和未来工作中，

学习上**勤于学习**、**善于思考**、**勇于钻研**，耐得住**学业之苦**；

工作上**踏踏实实**、**任劳任怨**、**学以致用**，耐得住**谋事之苦**；

生活上**勤俭节约**、**适度消费**、**艰苦奋斗**，耐得住**生活之苦**。

蚌贝砺苦孕珍珠，
学子砺苦图报国。
湖光山色添致趣，
全面发展上征途。

砺苦

学校《砺苦》雕塑，位于芳草湖畔，砺苦楼左侧。

读一读

1 习语金句

"宝剑锋从磨砺出，梅花香自苦寒来。"人类的美好理想，都不可能唾手可得，都离不开筚路蓝缕、手胼足胝的艰苦奋斗。我们的国家，我们的民族，从积贫积弱一步一步走到今天的发展繁荣，靠的就是一代又一代人的顽强拼搏，靠的就是中华民族自强不息的奋斗精神。

无数人生成功的事实表明，青年时代，选择吃苦也就选择了收获，选择奉献也就选择了高尚。青年时期多经历一点摔打、挫折、考验，有利于走好一生的路。

——习近平总书记在同各界优秀青年代表座谈时的讲话
（2013年5月4日）

成功的背后，永远是艰辛努力。青年要把艰苦环境作为磨炼自己的机遇，把小事当作大事干，一步一个脚印往前走。滴水可以穿石。只要坚韧不拔、百折不挠，成功就一定在前方等你。

——习近平在北京大学师生座谈会上的讲话（2014年5月4日）

幸福都是奋斗出来的。今天，我还要说，奋斗本身就是一种幸福。只有奋斗的人生才称得上幸福的人生。奋斗是艰辛的，艰难困苦、玉汝于成，没有艰辛就不是真正的奋斗，我们要勇于在艰苦奋斗中净化灵魂、磨砺意志、坚定信念。奋斗是长期的，前人栽树、后人乘凉，伟大事业需要几代人、十几代人、几十代人持续奋斗。奋斗是曲折的，"为有牺牲多壮志，敢教日月换新天"，要奋斗就会有牺牲，我们要始终发扬大无畏精神和无私奉献精神。奋斗者是精神最为富足的人，也是最懂得幸福、最享受幸福的人。正如马克思所讲："历史承认那些为共同目标劳动因而自己变得高尚的人是伟大人物；经验赞美那些为大多数人带来幸福的人是最幸福的人。"

——习近平在2018年春节团拜会上的讲话（2018年2月14日）

　　每一代青年都有自己的际遇和机缘。我记得，1981年北大学子在燕园一起喊出"团结起来，振兴中华"的响亮口号，今天我们仍然要叫响这个口号，万众一心为实现中国梦而奋斗。广大青年既是追梦者，也是圆梦人。追梦需要激情和理想，圆梦需要奋斗和奉献。广大青年应该在奋斗中释放青春激情、追逐青春理想，以青春之我、奋斗之我，为民族复兴铺路架桥，为祖国建设添砖加瓦。

——习近平在北京大学师生座谈会上的讲话（2018年5月2日）

　　青春由磨砺而出彩，人生因奋斗而升华。

——2020年在"五四"青年节即将来临之际，习近平总书记寄语中国青年

读一读

2 榜样引领

"大国工匠"沈良：
工匠人生是苦尽甘来的修行

从探月卫星"嫦娥一号"到"嫦娥三号"，从"神光"系列高功率激光实验装置到"天宫二号"空间冷原子钟——中国科学院上海光学精密机械研究所的沈良是其中的功臣之一。历经30年，他从一名技校学徒，成长为承担国家重点工程的"大国工匠"。

勤动手

空间冷原子钟是"天宫二号"上重要设备。发射前夕，冷原子钟遇到一段"小插曲"。

中国科学院量子光学重点实验室主任刘亮回忆，发射前的巡检发现，电控箱表面因做完冷热处理起了几个小气泡，虽然不影响冷原子钟正常运行，但为确保万无一失，刘亮还是决定把小气泡处理掉。

这是冷原子钟正样，一旦处理失误，没有时间重来，整个发射任务都可能推后。发射试验场没有实验室里可以借助的三坐标测量仪，现场工程师都不知所措。

"你们都别碰，我叫沈良来！"刘亮一声大喊让在场的人至今记忆犹新。

沈良带着临时赶制的简易测量仪从上海奔赴发射基地。处理小气泡并不涉及复杂技艺，在实验室，许多工程师都能解决。可在发射基地，面对正样，大家都犹豫了。刘亮说，沈良经验最丰富，操作最稳。

这得益于30年磨砺。沈良说："研究能力和动手能力是知识分子的一双翅膀，缺一不可。"许多工程类知识分子现在过于重视研究能力，忽略动手能力。

能吃苦

在实验车间里，沈良娴熟操作普通机床和数控机床，还有复杂的精密光学镜头、光刻机照明设备。"沈良是少有的机械设计、加工、装配样样精通的专家。"中国科学院上海光机精密机械研究所（以下简称"上海光机所"）信息光学与光电技术实验室研究员黄惠杰说。

沈良说："干我们这行很苦，必须有耐心和定力。"

能吃苦，意味着挥洒汗水的艰辛。光学自准像调试无法借助仪器，只能靠眼力和直觉，精度误差不能超过5微米，大部分人要调好几天，而沈良只要几分钟。"我只是做得多而已，年轻那会儿，我也是调了一天仍无进展。"

能吃苦，意味着屡次失败后的坚持。沈良调试某卫星载荷的镜头近2个月，当大家都建议放弃时，沈良坚持测试并总结经验，终于发现问题。"失败是常有的，有时只要再坚持一下，可能就成功了。"

读一读

真热爱

技校毕业后,沈良一直在上海光机所从事自己热爱的机械设计和加工装配工作。现在最让他忧虑的是工匠梯队的断档和人才流失。

许多工程师因为起步阶段收入不高,见效较慢,纷纷跳槽。"后天早上的'阳光'很美,可大部分人没能熬过明天的'黑夜',我很痛心。"

沈良说:"因为热爱,人可以听从内心的召唤。"

中午、夜晚、节假日没人打扰,他可以沉下心来干活——设计热处理方案,研究材料结构,钻研调试方法,思考技术方案。

沈良希望未来能承担更多国家工程。"新的攻关项目意味着新的难题和挑战,激发自己设计更好的技术方案,找到创新的解决方法。工匠人生是苦尽甘来的修行。"

砺苦故事 1:
塞罕坝新生代:
青春在奋斗中闪光

砺苦故事 2:
李嘉诚讲"吃苦"

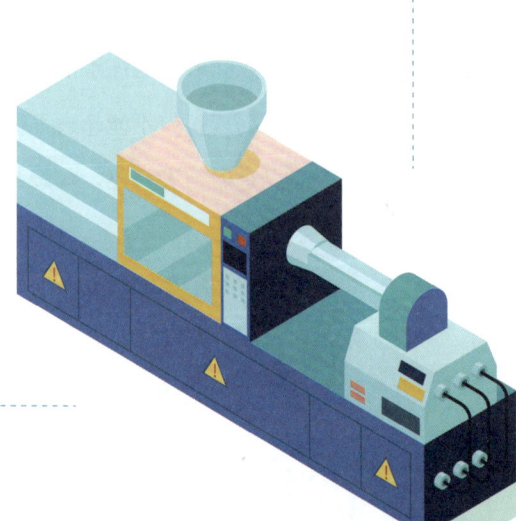

3 经典传承

> **少年辛苦终身事，莫向光阴惰寸功。**

——在《从小积极培育和践行社会主义核心价值观——在北京市海淀区民族小学主持召开座谈会时的讲话》中引用

典故

何事居穷道不穷，乱时还与静时同。
家山虽在干戈地，弟侄常修礼乐风。
窗竹影摇书案上，野泉声入砚池中。
少年辛苦终身事，莫向光阴惰寸功。

——【唐】杜荀鹤《题弟侄书堂》

读一读

释义

这是首题壁诗，系晚唐诗人杜荀鹤所作。

"何事居穷道不穷，乱时还与静时同"，是说面对动荡时局，虽然处境困窘，却能谨守礼道，勤奋修业。句中两个"穷"字含义不同，"居穷"的"穷"指"穷困"，"道不穷"的"穷"作"穷尽"讲。"家山虽在干戈地，弟侄常修礼乐风"两句形成对比，"干戈"借指战争，"礼乐"指儒家所遵奉的道德规范。意思是，故乡虽处战乱，弟侄却能精心研学、修身养德。"窗竹影摇书案上，野泉声入砚池中"则由人及景，再现了弟侄伏案苦读、砚池笔耕的修学情景。"少年辛苦终身事，莫向光阴惰寸功"，既是对弟侄的勉励之词，也是长者的人生感悟。意思是说，年轻时的勤奋努力必将终身受益，岁月匆匆，切莫懒惰懈怠，虚度光阴。

解读

习近平同志在民族小学考察时，用这句古诗谆谆教导同学们，要从小做起、从身边做起、从小事做起，养成好思想、好品德。"寸功"极小，"终身事"极大，然而"极大"却正是"极小"日积月累的结果。他还在与北京大学师生座谈会上勉励青年学生"人生的扣子从一开始就要扣好",如果第一粒扣子扣错了,剩余的扣子都会扣错。"少壮不努力,老大徒伤悲",少年儿童不可能像大人那样为社会做很多事,但可以从小做起,每天都想一想:对祖国热爱吗?对集体热爱吗?学习努力吗?对同学们关心吗?对老师尊敬吗?在家孝敬父母吗?在社会上遵守社会公德吗?对好人好事有敬佩感吗?对坏人坏事有义愤感吗?这样多想一想,就会促使自己多做一做,日积月累,自己身上的好思想、好品德就会越来越多了。

资料来源:人民日报评论部.习近平用典第一辑[M].北京:人民日报出版社,2018.

身居沟壑独自艳,定为校花喜心额。
平生甘用寂静功,万山红遍我杜鹃。
学校《映山红》雕塑,位于芳草湖畔,敏行楼前方。

读一读

> "不惰者,众善之师也。"

——习近平在全国劳动模范和先进工作者表彰大会上的讲话中引用(2020年11月24日)

典故

坚志者,功名之主也;不惰者,众善之师也。登山不以艰险而止,则必臻乎峻岭矣;积善不以穷否而怨,则必永其令问矣。

——【东晋】葛洪《抱朴子·外篇·广譬》

释义

意志坚定,是成就功业的主要因素;勤奋不息,是一切善行的老师。登山不因为艰难险阻而停止,就一定会到达顶峰;行善不因为自身穷困潦倒而埋怨,就一定会使自己的美誉长久。表征意志坚定和勤奋不息是做事做人的基本原则,是事业成功的重要保证。

解读

2020年11月24日，习近平总书记在全国劳动模范和先进工作者表彰大会上发表重要讲话，并引用"不惰者，众善之师也"这句古语，深刻诠释了劳模精神、劳动精神、工匠精神的实质。

在社会主义建设实践中，无数劳动者通过他们的身体力行，逐渐形成了爱岗敬业、争创一流、艰苦奋斗、勇于创新、淡泊名利、甘于奉献的劳模精神，崇尚劳动、热爱劳动、辛勤劳动、诚实劳动的劳动精神，执着专注、精益求精、一丝不苟、追求卓越的工匠精神。

从2021年开始，我国进入"十四五"时期，要实现党的十九届五中全会擘画的宏伟蓝图，我们必须同时间赛跑，同时代并进，用汗水浇灌收获，以实干笃定前行，唱响新时代奋斗者之歌。

读一读

4 知识学习

人类社会的历史就是一部人类的砺苦奋斗史。

然而，砺苦奋斗究竟是什么？这一古老而又崭新的命题，始终萦绕在所有关注奋斗这一理念、行动与精神的人们的脑海之中，从而被不断地思索和追问。

"苦"字由"艹"和"古"字组成。"艹"表义，是指一种草本植物。"古"是"苦"的声符。"苦"的本义是指苦菜，即荼。如《诗经》中说"采苦，采苦，首阳之下"。由于荼的味道是苦的，故也引申为苦味。苦味令人难受，由此也引申为难受、痛苦。"苦"还有竭力的意思。

《说文解字》中对奋斗二字的解释分别是："奋，翚在田上，诗曰不能奋飞（翚，鸟张毛羽自奋也）；斗，遇也从门斗声。"古汉语中，奋斗原意是指奋力格斗，如《宋史·吴挺传》记载"金人舍骑操短刀奋斗，挺遣别将尽夺其马。"现代汉语中，奋斗意指为"达到正当目的而不畏艰难，不懈努力"。

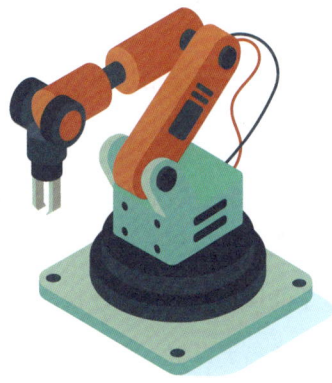

中华民族的砺苦奋斗精神根植于博大精深的中华文明。随着时代的发展，砺苦奋斗的内涵也在不断丰富和完善，并不断被赋予时代特色。

一、砺苦奋斗的基本内涵

（一）砺苦奋斗是一种进取向上的生活态度

无可无不可的"佛系"一词曾一夜风行，讲的是一种怎么都行、不大走心、看淡一切的态度。但是，消极不是放纵，沉稳不是慵懒，有所节制不是无欲无求，"不以物喜，不以己悲"并非无喜无悲。终日碌碌不是美好生活，但始终闲庭信步、云淡风轻，美好生活也实现不了。

马克思曾说："一个时代的精神是青年代表的精神，一个时代的性格是青春代表的性格。"1939年5月，毛泽东同志在延安庆贺模范青年大会上发表讲话，标题就是"永久奋斗"。他指出，"中国的青年运动有很好的革命传统，这个传统就是'永久奋斗'。"2018年5月2日，在北京大学师生座谈会上，习近平引用了《永久奋斗》中的话语激励青年，"五四运动以来的100年，是中国青年一代又一代接续奋斗、凯歌行进的100年，是中国青年用青春之我创造青春之中国、青春之民族的100年。"

读一读

（二）砥砺奋斗是一种坚持不懈的人生实践

习近平总书记指出，青年时期一定要多经历一点摔打、挫折、考验，有利于走好一生的路。要历练宠辱不惊的心理素质、坚定百折不挠的进取意志，保持乐观向上的精神状态，变挫折为动力，用从挫折中吸取的教训启迪人生，使人生获得升华和超越。年轻人应该坚持不懈地像一个冲锋陷阵的战士一样向着既定的理想和目标勇往直前，去投身火热的社会实践。比如说，为了实现共产主义的远大理想，我们可能需要十几代人、几十代人甚至更多代人的吃苦奋斗，方能完成。所以说砥砺奋斗并不是一朝一夕之事，而是长期的、艰苦的实践过程。

（三）砥砺奋斗是一种乐于奉献的人生品质

普列汉诺夫曾经指出："一个伟大人物之所以伟大，并不因为他的个人特点使各个伟大历史事变具有其个别的外貌，而是因为他所具备的特点使他自己最能为当时在一般的和特殊的原因影响下所发生的伟大社会需要服务。"

重庆市巫山县竹贤乡下庄村四周高山绝壁合围，外出只有一条盘旋在绝壁上的羊肠小道，世世代代几乎与世隔绝。1997年，下庄村党支部书记毛相林带领村民，以最原始的方式在空中荡，壁上爬，用钢钎撬，用雷管炸，用两脚蹬，耗费7年时间，在绝壁上凿出一条"天路"，被誉为"当代愚公"。2021年2月17日，毛相林被评为"感动中国2020年度人物"。2021年2月25日，毛相林被授予"全国脱贫攻坚楷模"荣誉称号。榜样是看得见的哲理，脱贫攻坚楷模毛相林就是砺苦奋斗、乐于奉献的人生品质很好的例证。

二、砺苦奋斗的特质

砺苦奋斗是人类追求生命永恒与价值不朽的重要人生取向。既是人们情感的倾向、认同和内在体验，也是理性认知的结果和付诸实践的过程。

（一）理论与实践的统一

正如毛泽东同志所言："如果有了正确的理论，只是把它空谈一阵，束之高阁，并不实行，那么，这种理论再好也是没有意义的。"从砺苦奋斗的本质要求和根本特征来看，砺苦奋斗不仅将实践确立为自己的首要要求和特征，而且将改造世界的实践活动作为自己理论的直接的伟大使命。

中国共产党发展史便是一部艰苦奋斗史，自从成立以来，就坚持艰苦奋斗的作风，坚持实干兴邦的理念。画好蓝图容易，自始至终坚持实践实属不易。在中国共产党带领中国人民实现民族复兴的过程中，时常遇到问题和矛盾，遇

读一读

到困难和挑战，但是，艰苦奋斗、坚持实践，就是闯过这些坎坷的法宝。在实践中成长，在实践中壮大，中国共产党从不放弃实践的传家宝，从实践是检验真理的唯一标准，到做老实人、干老实事，其中无不一再强调着实践的重要性和必要性。

（二）历史与现实的统一

砺苦奋斗精神在不同时代、不同时期有着不同的具体内容和表现形式，它是一个伴随时代发展被不断赋予新的内涵的动态范畴。

古代先贤拓展了中华民族的生存空间，创造了烛照千古的灿烂文化。近代中国，遭遇百年屈辱，但一大批仁人志士前仆后继，探索救亡图存之道。新中国成立后，中国共产党带领全国人民改变贫穷落后面貌，摆脱两极格局下大国的挤压，在社会主义现代化建设进程中闯关夺隘，继续发扬砺苦精神，不断向社会主义现代化强国迈进。总之，砺苦奋斗精神古已有之，绵延至今，但在不同时代、不同民族，持有不同世界观、人生观和价值观的人们，其具体砺苦奋斗观也是各异的。它已经深深扎根于人类文化，并成为人类优秀文化结晶的重要成分，为世世代代的仁人志士所遵循与践行。

（三）主观与客观的统一

砺苦奋斗作为一种价值系统，既体现了客观世界的决定性，又蕴含了主观意识的能动性。既然客观决定主观，我们的实践就应当一切从实际出发，高度重视客观的决定作用。选择吃苦与奋斗作为一种人类意识，是能动的主体对被动的客体的反映，是人们认识世界和改造世界的一种必然趋势。因为人类要生存，社会要发展，就得在优化生态环境的前提下不断提高索取物质生活资料的能力，从事各种艰苦的社会活动，而有效地进行实践的精神支柱往往就是积极吃苦、敢于吃苦的奋斗精神。我国自古就有大禹治水、愚公移山、精卫填海的传说，这正反映了人们在改造客观世界的实践中表现出来的锲而不舍、不屈不挠的奋斗精神。无数事实证明，要认识客观规律，没有坚定的信念和百折不挠的毅力，不付出艰辛的劳动，是根本不可能的。

三、砥砺奋斗的目标

奋斗是人类追求更高精神层面和物质层面的一种行为,奋斗是我们每个人实现自己的梦想和人生目标最简单也是最直接的一种手段。奋斗可以让人生更加充实和有意义,也可以让我们的思想变得不贫乏。

(一)主体目标与客体目标

马克思主义唯物史观认为,通用于任何时代的生产和再生产的物质实践,是所有人类社会的生存基础。这种由人的客观实践活动构造的社会功能是不以个人的意志为转移的,社会生活决定作为人的全部观念的上层建筑,这是马克思主义唯物史观最重要、最一般和基础性的原则。但是,随着人类社会生产力的不断发展,砥砺奋斗主体自身会超越这种消极被动的外在历史状况,成为自觉创造历史,并将历史纳入自身的世界图景中的真正主人。

（二）社会目标与个人目标

砥砺奋斗是个体在社会中的奋斗，而个体主义是随着资本主义的兴起而产生的，在现代西方经济学的开山鼻祖亚当·斯密看来，人们从事经济活动的出发点是个人的目标即个人利益，他还论证了经济人的奋斗行为是如何促进社会的巨大发展的。但是，不容忽视的是，在这样的情况下容易导致个体与社会的矛盾，对砥砺奋斗的目标观而言，只要还存在着资本主义社会制度，就会存在着私人利益和共同利益的根本对立，用利己主义或者利他主义来实现所谓的普遍的人生目标只能是一厢情愿的道德乌托邦。只有在社会主义生产资料公有制条件下，砥砺奋斗的个人目标与社会共同目标对立的根源才被彻底消灭，才从根本上真正地实现了两者的和谐统一。

推荐观看大型历史文献纪录片《苦难辉煌》。

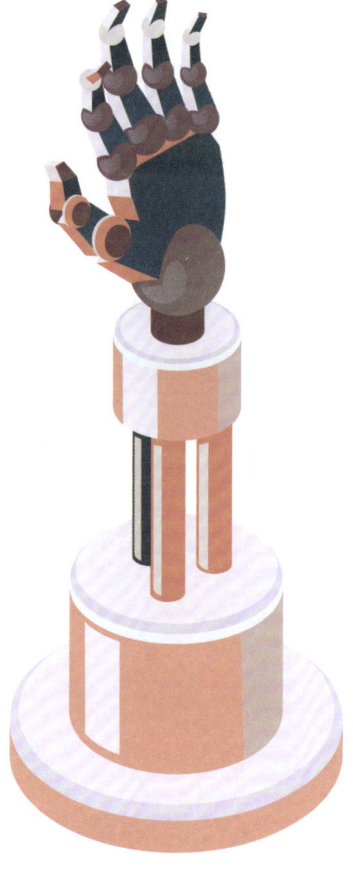

议一议

话题 1

有三个年轻人同时回答一个问题:"你怎样看待吃苦耐劳?"第一个人说:"现在生活那么好,还提吃苦,都过时了。"第二个人说:"我找工作之前肯定会向用人单位保证我能吃苦,找到了工作再吃苦,那就叫傻了。"第三个人说:"吃苦是中华民族的优良美德,祖祖辈辈的吃苦换来了我今天的幸福生活,我要忆苦思甜,把吃苦耐劳的精神坚持下去。"

【思考讨论】这三个人的回答你更赞同谁的观点?你怎么看待这个问题本身?

话题 2

　　思想上做好"吃苦"的准备。在思想上要不怕吃苦、敢于吃苦、迎苦而上、不避艰苦，将这种吃苦作为一种人生进取的历练，自我锤炼的基础。在行动上要有"耐劳"的意志，脚踏实地，一步一个脚印，不畏艰难，不怕曲折。你能讲一讲自己面对困难不怕吃苦并克服它的经历吗？

写一写

砺学习之苦

砺生活之苦

砺工作之苦

活动 1

  以班级为单位,调动学生积极性,在班级中开展"创设星级宿舍,人人争当标兵"的活动,宿舍张贴星级宿舍标志、设立宿舍进步较快奖、设立星级床铺,在活动中提升学生对吃苦耐劳的认可。

做一做

活动 2

请学生结合专业特色,策划既能学以致用服务社会,又能锻炼学生吃苦耐劳精神的特色活动。

活动 3

以开展班会、寻找先进、宣传板报、演讲比赛等形式，达成人人都应吃苦耐劳的共识，在活动中体验到吃苦耐劳的美好，自我践行吃苦耐劳的行为。

做一做

我的活动记录

评一评

列出最近生活中遇到的一个或多个困难,计划如何克服困难,分步骤进行,对每个步骤的完成情况进行评分。

砺苦自我评价

时 间	困难描述	实施计划	实时记录	自我评价

改进与提升成效

评价维度	改进与提升的成效
思想观念	
理论知识	
行为表现	

有一种传承叫"乌金精神"

挖掘黑金——光荣的使命

煤炭被人们誉为黑色的金子、工业的食粮,是18世纪以来人类使用的主要能源之一,有力地支撑着人民的生活和社会的发展。新中国成立65年来,我国生产的620亿吨煤炭流向祖国各地,支援着祖国经济建设,促进社会繁荣发展。在我国960万平方千米的土地上,煤炭直接或间接地影响着人们的生产和生活。可以说,作为煤炭人,有足够的理由为自己的事业感到自豪和荣耀!

崇高荣誉——特别能战斗

煤炭工业的发展伴随着和见证着共和国的建立和成长。历经艰难困苦,煤炭人形成了丰富的精神内涵。他们不屈不挠、不怕流血、勇于斗争,毛主席赞扬他们"特别能战斗";在旧貌换新颜的新中国,他们艰苦奋斗、不畏艰难、不断创新,形成了特别能奉献的精神。新中国成立以来,涌现出了马六孩、刘九学、丁百元、熊德霖、张万福、李满仓、杜学然、侯占友、赵国峰等一代又一代全国闻名的矿山英模。

无名英雄——"火柴"精神

我国的煤炭开采,90%以上属井工开采,开采深度平均在400米以上。井下生产条件特殊,时常会受到水、火、瓦斯、煤尘、顶板、冲击地压等自然灾害的威胁。正是这些无名英雄,用其劳动、用其汗水、用其鲜血甚至生命将远古形成的燃料托举到地面,奉献给现代的人类社会,铸造起当代的文明。当井下出现险情时,"老矿工"常说的一句话就是,"年轻人好日子还长着呢,

延伸阅读

这危险活儿让我干"。面对着艰难险恶,没有一个矿工在祖国需要的时候退缩,即使面对雨雪冰冻、地震等自然灾害,当祖国每一次发出号召"需要煤炭"时,全国各地煤炭人都会争先恐后、昼夜奋战。他们就是这样一群豪气冲天,在与自然界斗争在最前线的勇士、英雄,"扛着为国献煤"的红旗,用自己的"火柴"精神照亮新中国实现中国,梦的光辉足迹和伟大征程。

资料来源:中国煤炭博物馆网站
(http://www.coalmus.org.cn/HTML/3G/Article/4773.html)

最好的"课堂"在井下 40 米

——蒋德崇老校长回忆 20 世纪 50—60 年代的工程职院

岁月如金，往事如歌

为重庆工程职业技术学院奋斗了大半个世纪的蒋德崇校长，已年逾九旬，这位跨越了两个世纪的老人，精神矍铄，目光如炬，特别是一谈起学校、学生，总有说不完的话。

"到学院（当时称为重庆煤矿学校）之前，我有一段国民党时代小学教员的经历，对教育一开始就有一种难以割舍的情怀。因为痛恨当时政权的腐败，特别期待能在新中国施展自己的抱负。"蒋德崇回忆。

井下劳动八个月没有一个"逃兵"

奋斗精神，是以蒋德崇为代表的那一代工程人的最好诠释。

1954 年，刚从重庆大学采矿系毕业的蒋德崇，被正式分配到中央人民政府燃料工业部重庆煤矿工业学校，又称重庆煤校，也就是今天重庆工程职业技术学院前身，圆了他的人生梦想。

新中国成立不久，百废待兴，学校也刚从北碚迁至重庆沙坪坝区上桥，各方面条件都比较简陋。"那时候每个人干工作想的是报效国家，做什么事都不觉得苦、不觉得累。"蒋德崇回忆，当时煤炭行业人才急缺，学校从人才培养的需求出发，把专业建设放在重中之重。

延伸阅读

学院开办之初，就设画法几何及机械制图、工程力学、煤矿供电等6门专业基础课和井巷工程、煤矿开采学、顶板事故预测预处理、煤矿企业管理等7门专业课程，这些课程对于一线技能人才非常实用。到1959年，又先后增设地勘、机制、洗选专业，全院专业数增至6个，当年招收新生1500人。

学院采用"基础平台+专门化方向"的课程结构，设置专业技能课程，尤其是基础性强、规范性要求高、覆盖专业面广的专业技能课程。

"50、60年代，学院的专业技能课程就强调内容要密切联系生产劳动实际和社会实践，重视应用性和实践性。"蒋德崇介绍，学院会经常组织学生到矿山现场进行"真刀真枪"的岗位实践。到1960年底，学院还陆续建成理化、金工、力学、矿山机械、电工、地质、采煤等10个实验室和一座实习工厂，方便学生在生产实践中学好知识。

蒋德崇印象最深的是1958年，有段时间煤炭特别紧张，学校响应政府的号召，紧急征调师生到荣昌煤矿支援，深入井下40多米，参加"真枪实弹"的生产劳动。200多名采煤专业学生，分成两拨和工人师傅一起，从事长达8个月的地下采煤作业。

荣昌煤矿煤层厚度只有50厘米左右，只能人工开采，而且必须斜躺下身体进行采煤作业。每天作业回来，每个人都黑漆漆一身，必须消耗大量肥皂。就是在这样的环境下，近200名学生包括所有女生，没有出现一个"逃兵"。8个月下来，师生用双手刨出了1万多吨优质煤，得到政府、企业的表彰和奖励。

边劳动边学习，在那个艰苦的年代比较普遍，通过生产实践劳动，磨砺了学院学生吃苦耐劳的品质。艰苦奋斗、不怕万难的"乌金精神"正是在那个年代开始萌芽、闪光。

实习学生作业令工程师惊叹

工学结合已经是现代职业教育人才培养不可或缺的一环，但在20世纪50年代，学院就在职业院校中开风气之先河。

1957—1965年，学院将知识教学与劳动教学相结合，并提出每学年的生产劳动时间和技术理论教学时间应在6:4与7:3之间。此后，学院逐渐出现以实践教学代替课堂理论教学的倾向，课堂理论教学的课时数大大减少。

为保证学生学到必要的理论知识，学院鼓励进行现场教学的改革尝试，采用现场教学方式，边劳动边进行课堂理论教学，蒋德崇也在这个时段开始自己的教学实践创新。

重点结合生产岗位实践需求，蒋德崇注重教给学生很多生产实用知识，比如巷道怎么设计，水电怎么安装，煤层怎么开拓，怎么支扶保证安全。很多时候，他亲自带着学生到附近矿上、铁路隧道上实地查勘，现场教学，再试着画图设计，学生就很容易掌握。

除了加强现场教学、工学结合，学院还非常注重启发式教学。20世纪60年代初期，学院组织教师认真学习毛泽东思想，领会和掌握毛主席倡导的教学方法，反对填鸭式教学，采用启发式教学，并逐渐形成讲课与实验教学相结合、与练习相结合、与复习相结合，组织学生预习与提出问题、讨论问题相结合，学生自学与教师重点归纳相结合的启发式教学模式。

实践教学的大胆探索，使学院教学改革卓有成效。蒋德崇回忆，南桐矿务局红岩煤矿有个工程师，有一次请前去实习的学生画矿井巷道断面图，这个矿井巷道异常复杂，各种形状的都有，但学生硬是花了两天时间交出来，一笔一画工整、漂亮，让工程师对煤校学生扎实的基本功、超强的学习能力赞不绝口。

延伸阅读

20世纪50—60年代这一批学生工作后大都表现优秀,有很强的发展后劲,大部分学生后来成为煤矿企业的矿长、科技专家,分布到云贵川各个煤矿企业,成为煤矿事业的骨干力量。其中一位学生李先才,成为四川一家煤矿公司的总工程师,改革了不少传统工艺,获得了国家中青年科技专家奖。

据统计,建校以来,学院为国家培养了11万余名专业人才,多数毕业生已成为企事业单位技术和管理骨干,在重庆、四川、云南、贵州的大型煤炭企业中层以上技术和管理干部中,学院毕业生占70%以上,被誉为西南地区煤炭行业的"黄埔军校"。

不得不说,20世纪50—60年代的教学改革为学院的专业化发展奠定了坚实的基础。

跨越70年的深情告白

20世纪90年代初,蒋德崇从副校长岗位正式退休。回首学院沧桑巨变的70年,特别是看到学院搬迁到江津后全新的校容校貌,让他多次感叹不已。

"单看专业建设,学院已经从成立之初专业课程仅仅开设7门,到21世纪初开设258门,课程设置发生了翻天覆地的变化。"蒋德崇自豪地说。目前,学院开设有覆盖智能制造、电子信息、交通运输、土木工程、财经商贸、艺术设计等10个专业大类50余个专科(高职)专业。这些专业紧跟重庆市产业转型升级发展方向,为服务地方经济发展贡献了自己的力量。

2019年6月10日,当时已是91岁高龄的蒋德崇,受邀回到学校,与一群20来岁的大学生一起,拍摄祝福祖国的快闪视频。他们深情高唱《我和我的祖国》,用歌声表白对祖国的热爱和祝福,用歌声庆祝新中国成立70周年。

在快闪现场，作为建校的亲历者之一，蒋德崇还饱含深情地向在场师生讲述了一路艰辛坎坷的建校史，讲述学校与祖国同呼吸共命运的奋斗史。虽值耄耋之年，老人那份对祖国的爱，对学校、对师生的关切，隔着屏幕都能传递、感染每位师生。

艰苦奋斗的乌金精神在蒋德崇老人身上得到很好的诠释，也会如同那场跨越70年的歌声，一代代传承，在更多师生身上熠熠生辉、永不磨灭。

三代采煤工 三条铁脊梁

——记全国劳动模范杨永成祖孙三代煤炭人的闪光足迹

杨永成自27岁起,一头扎进煤矿,一干就是一辈子。他用40年的坚守,践行着一名煤炭产业工人的初心;用一生的执着,担负起振兴国家煤炭产业的使命;他和他那一代煤矿人用血肉之躯和钢铁意志撑起了新中国的煤炭产业,是当之无愧的"铁脊梁"。

一代铁脊梁,奠定祖国煤炭事业的根基

1958年,包钢一号高炉开建。自治区党委为改变"等米下锅"的局面,发起了"万人上山夺煤大会战"。在"万人上山"的隆隆炮声中,杨永成随着滚滚的人流,来到了乌海,在教子沟煤矿当了一名井下工人。他目睹我国能源短缺的现实,心里很着急。当时就暗暗下决心:"这里有煤,国家需要煤,我要在这儿为祖国挖煤,我喜欢乌达这个地方。"他从下井的第一天起,就决心扎根煤矿,这一干就是40年。

由于心怀报效祖国的远大理想,他始终如一的埋头苦干,每天早来晚走,工作不计时间,劳动不计报酬。干完本职工作后,还经常加班延点地帮助别人。杨永成热爱矿山、热爱自己的工作,即使是外出开会,回来后也要立即把耽误的工作补上。在生产最紧张的时候,杨永成背上干粮,连续几天不升井,守在井下。队领导怕他累垮了身体,劝他升井休息,他怎么也不肯,说:"我的身子骨结实着呢,没事!"据不完全统计,在40年间,他义务加班1700多天,

相当于普通工人5年的工作日。"地球转三圈，杨永成总要上够五个班"，他因此被誉为"矿山铁人"。由于杨永成在平凡的工作岗位上创造出了不平凡的业绩，1977年，杨永成当选为中共十一大代表，在北京参加了党的第十一次全国代表大会。1990年，杨永成被国务院授予"全国劳动模范"荣誉称号。

二代铁脊梁，扛起祖国煤炭事业发展的大旗

杨永成埋头苦干、无私奉献的精神也深深地影响着家人，1983年，他的儿子杨玉树也成了一名光荣的井下工人。他说："从我记事起，我爸就很少管家里事，他的一颗心全都放到井下了，在他心里，矿上的事永远是第一位的，家里的事永远排在第二位。"杨永成一心为党、一心为公，对子女要求非常严格，他临退休时矿上提出照顾他，让杨玉树到地面工作，可他坚决不同意。他说："既然作为我的儿子，就不能搞任何特殊，绝对不能指望靠沾我的光，必须在井下踏踏实实地干。"每天儿子下班回来，父子俩的话题始终离不开井下，都成了一种惯性。杨永成说，我对井下熟悉，跟他多聊聊，一方面对他的工作会有帮助，另一方面也是心里放不下，毕竟在井下呆了一辈子呀！

将门出虎子，杨玉树继承了杨家的优秀传统和良好家风，骨子里同样有着热爱矿山的情怀。他在煤矿工作30多年，从一线工人到技术员、副队长、队长、副矿长、矿长，一步一个脚印走得扎扎实实。不管在哪个岗位上，都是兢兢业业，任劳任怨，30多年如一日，把青春和热血奉献给煤炭事业。他先后荣获中央企业"劳动模范"、全国煤炭工业"优秀矿长"等荣誉称号。

三代铁脊梁，承载着祖国煤炭事业的未来

如今，杨玉树的儿子杨守国又接过了爷爷和父亲的接力棒，也投身到井下一线。由于自幼耳濡目染，杨守国大学也选了采煤专业。杨守国担任不连沟公司煤矿综放二队采煤技术员，由于工作出色，曾多次荣获公司"安全先进工作

延伸阅读

者"和"青年岗位能手"等荣誉称号。杨守国说:"我是幸运的,生在一个劳模世家,我一定会继承好我的家风,沿着父辈的闪光足迹,加倍努力,顽强拼搏,干出属于自己的一片天地,为企业奉献,为父辈争光!"

杨永成、杨玉树、杨守国是我国煤矿产业工人的杰出代表,祖孙三代人的奋斗史就是我国煤炭产业发展史的缩影,他们本身就是一块块乌金,为了祖国的煤炭产业燃烧自己,奉献全部的光和热。正是千千万万的像杨永成祖孙三人的煤炭产业工人祖祖辈辈的接续付出,撑起了我国煤炭行业的过去、现在和未来!

师生可以从 www.wsbookshow.com 网站查找本书,下载"谨信为人"系列的主题班会 PPT 模板、毕业答辩 PPT 模板等。

读一读

子曰:"弟子,入则孝,出则悌,谨而信,泛爱众,而亲仁,行有余力,则以学文。"谨是讷言敏行,是严谨,信是诚信。在各种复杂的工作场所,技术人才按照操作规程严谨行事,多力行、少巧言,在行事中又以诚信为本,忠信笃敬、止于至善,才能真正成为有职业操守的人。

学习方法

读一读

阅读教材和登录相关网站,正确理解谨信为人的含义。

议一议

教师讲授结合小组讨论的方法学习知识点,加深对谨信为人的认识。

写一写

把对谨信为人的理解外化,明确正确的价值遵循。

做一做

付诸实施,待人以诚,着力诚信品格的培养。

我们的目标

正确理解校训"谨信"的含义，
掌握**谨信素养的核心要素**，
提高和增强学生**谨言慎行**、**诚信为本**的意识，
树立**严谨细致**、**守信为荣**的道德观念，
形成**心怀敬畏**、**操守为重**的良好校园风尚，
促进**学校精神文明建设**。
在校学习期间和未来工作中，能够做到：
秉承诚信传统、端正诚信态度、笃行诚信行为、
恪守诚信准则、发扬诚信品格，
谨言慎行、诚信为本。

读一读

1 习语金句

中华文化强调"言必信，行必果"、"人而无信，不知其可也"等等。像这样的思想和理念，不论过去还是现在，都有其鲜明的民族特色，都有其永不褪色的时代价值。

——习近平在北京大学师生座谈会上的讲话（2014年5月4日）

"凡交，近则必相靡以信，远则必忠之以言。"中国坚持按照亲、诚、惠、容的理念，深化同周边国家的互利合作，努力使自身发展更好惠及周边国家。

——习近平在和平共处五项原则发表60周年纪念大会上的讲话

（2014年6月28日）

"诚者，天之道也；思诚者，人之道也。"人无信不立，企业和企业家更是如此。社会主义市场经济是信用经济、法治经济。企业家要同方方面面打交道，调动人、财、物等各种资源，没有诚信寸步难行。由于种种原因，一些企业在经营活动中还存在不少不讲诚信甚至违规违法的现象。法治意识、契约精神、守约观念是现代经济活动的重要意识规范，也是信用经济、法治经济的重要要求。企业家要做诚信守法的表率，带动全社会道德素质和文明程度提升。

——习近平在企业家座谈会上的讲话（2020年7月21日）

2 榜样引领

"信义兄弟"接力还薪

"新年不欠旧年账,今生不欠来生债"是孙东林、孙水林兄弟共同做事的准则。20余年来,两兄弟从不拖欠农民工工资。

孙水林,男,1960年生。湖北省武汉市黄陂区泡桐镇人,建筑商。孙东林,男,湖北省武汉市黄陂区泡桐镇人,孙水林弟弟。

孙水林、孙东林是贫寒之家走出的打工兄弟。孙水林初中毕业后，因家境贫寒辍学。遵从父亲的安排，他学了一门木匠手艺，年仅十几岁就在外干起了木匠活。作为穷人家的孩子，弟弟孙东林也很早就尝到了打工的艰辛。1989年前后，已在建筑工地打工多年的孙水林，在朋友的建议下，带着弟弟孙东林，拉起一支建筑队伍，开始在河南、北京等地承包一些装修工程。凭着不错的口碑，这支队伍由最初的十几名老乡发展到最高峰时的200余人。其手下的农民工不仅有来自孙氏兄弟家乡湖北的，还有许多来自河南、河北、内蒙古等地的。

"哥哥总是跟我说，如果农民工跟你辛辛苦苦干了1年，你还拖欠他们的工钱，明年谁还会跟你干呢？这样你手上的人就会越来越少，可能一个都不剩，只有你替别人打工的份。所以，这20多年来，我们兄弟俩无论多么困难，也绝不会拖欠农民工1分钱，这是我们兄弟一条不成文的约定。"孙东林说。

读一读

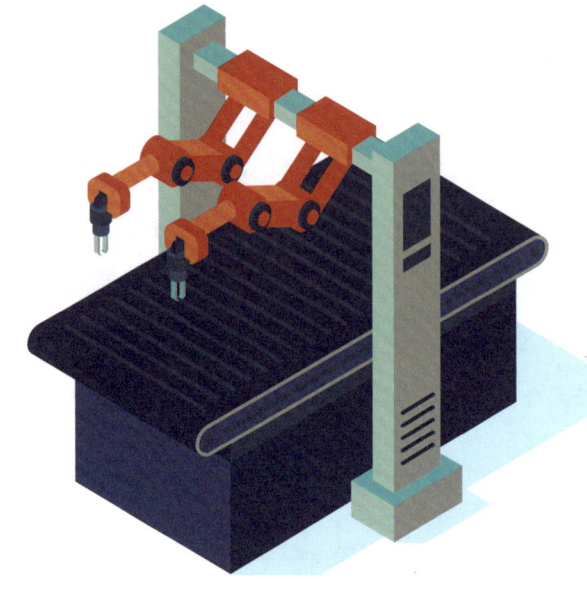

  2010年2月9日，腊月二十六。在北京做建筑工程的孙水林回到天津，原定与暂住在天津的家人和弟弟孙东林聚一天再回武汉，但他查看天气预报了解到，此后几天，天津至武汉沿线的高速公路，部分地区可能因雨雪封路。他决定在封路前赶回武汉，给先期回武汉的民工发放工钱。春节前发放工钱，是他对民工的承诺。"还是那句话，新年不欠旧年账，今生不欠来世债。外地农民工回家过春节前，我们就将他们的工钱先全部结清。离我们老家近的农民工，部分没结算的尾款，我们就赶在大年三十前回家。腊月二十九，把家乡的农民工兄弟喊到家来结算，绝不拖到正月初一。"

  当晚，孙水林提取26万元现金，连夜从天津驾车，带着妻子和三个儿女出发了。次日凌晨，他驾车驶至南兰高速开封县陇海铁路桥段时，由于路面结冰，发生重大车祸，20多辆车连环追尾，孙水林一家五口全部遇难。为替哥哥完成遗愿，在找到哥哥遗体之后，弟弟孙东林在大年三十前一天驱车15个小时赶回老家，抢在除夕之前将33.6万元工钱发到60多名民工手上。因为哥哥离世后,账单多已不在,孙东林让民工们凭着良心领工钱,大家说多少钱,就给多少钱。钱不够,孙东林就贴上了自己的6.6万元和母亲的1万元。就这样,在新年来临之前,60多名民工都如愿领到工钱,孙东林以这样的方式告慰哥哥在天之灵。孙水林、孙东林兄弟20年坚守承诺,被人们赞为"信义兄弟"。2010年9月,孙水林、孙东林兄弟入选"中国好人榜"和"2010年度感动中国人物"。2011年9月,在第三届全国道德模范评选中荣获全国诚实守信模范称号。

诚信故事1：
诚信经营同仁堂：
诚信为本，药德为魂

诚信故事2：
诚实的音乐大师

诚信故事3：
诚信用人：李开复聘用员工

读一读

3 经典传承

" 人而无信，不知其可也。"

——习近平在《为构建中美新型大国关系而不懈努力——在第八轮中美战略与经济对话和第七轮中美人文交流高层磋商联合开幕式上的讲话》中引用（2016年6月6日）

典故

子曰："人而无信，不知其可也。大车无輗（ní），小车无軏（yuè），其何以行之哉？"

——【春秋】孔子《论语·为政第二》

释义

孔子说："人如果没有诚信,不知他可以做成什么。就好像用牛拉的大车没有了輗,用马拉的小车没有了軏,它们怎么能够行驶呢?"孔子用反诘语气强调了信用之于人的重要性,"信"可聚心,也可成事,是我们为人处世必须拥有的道德品质。

解读

中国人历来讲究"信"。2000多年前,孔子在论语中就多次强调"信"的重要意义,无论是"民无信不立"还是"人而无信,不知其可也",都强调信任是人际关系的基础、国家往来的前提。我们要通过经常性沟通,以诚待人、以信交友,积累彼此的信任。诚信的问题解决好了,一个人、一个国家才能够在社会上立足,在世界上立足。

读一读

"与朋友交，言而有信"

中国古人说，"与朋友交，言而有信"。互信是中塔全面战略伙伴关系的基石。正是基于互信，中塔成功解决历史遗留的边界问题，495公里的共同边界成为连接中塔人民友谊的桥梁和纽带。

——习近平在塔吉克斯坦《人民报》、"霍瓦尔"国家通讯社发表题为《携手共铸中塔友好新辉煌》的署名文章（2019年6月12日）

典故

子夏曰："贤贤易色；事父母，能竭其力；事君，能致其身；与朋友交，言而有信。虽曰未学，吾必谓之学矣。"

——《论语·学而》

释义

子夏说："一个人能够看重贤德而不以声色为重；孝敬父母，能够竭尽全力；侍奉君主，能够献出自己的生命；同朋友交往，说话诚实，恪守信用。这样的人，尽管他自己说没有受过教育，我一定说他已经学习过了。"子夏认为，一个人有没有"学识修养"，并不一定拘泥于他受到的文化教育，而是要看他能不能践行"孝、忠、信"等传统道德。

> **解读**

党的十八大以来，习近平总书记在多个场合对诚信的重要性作了详细阐释，为诚信在社会生活、外交关系和时代价值上的体现开启了多维视野。如2014年5月4日在北京大学师生座谈会上，他也讲到"中华文化强调'言必信，行必果'、'人而无信，不知其可也'等等。"也一再指出，这样具有鲜明中华民族特色的思想和理念，不论过去还是现在，都有其永不褪色的时代价值。

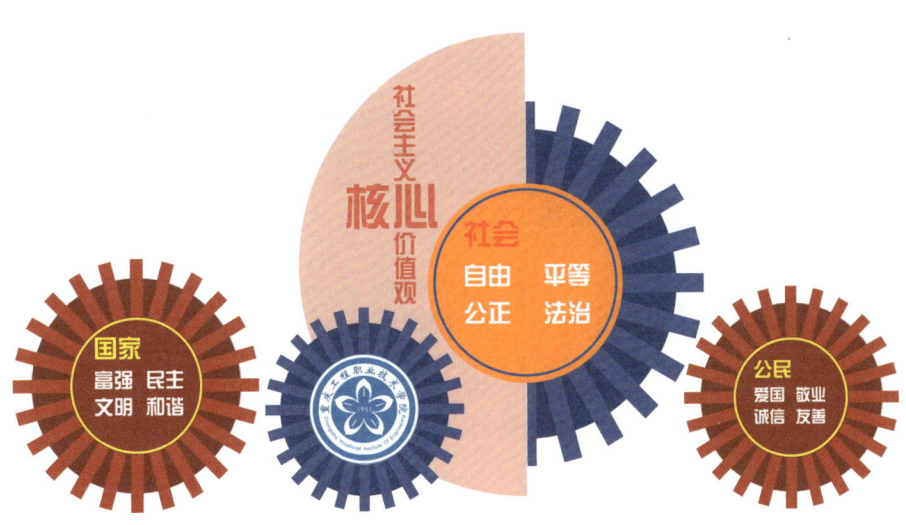

学校社会主义核心价值观雕塑，位于谨信楼左侧。

读一读

4 知识学习

一、"谨"的思想

"谨"在这里是指谨言慎行的意思，它告诉我们一种关于生活的理念：我们的生活、我们的态度、我们的行为、我们的言语，一切都要谨慎。谨言者，说话之前要反复斟酌；慎行者，行动之前要权衡利弊。谨言慎行，是一种强烈的自律意识，是为人处世的基本原则。

谨言慎行，并不是胆小怕事，而是高度自律的体现，是为人处事的基本方略。生活中，我们常常发现：一个成熟稳重、受人尊敬的人言语上一般不多，行动上"三思而后行"。人在心情愉快时，往往溢美之词较多，而在心情烦闷时，往往偏执的贬损之词较多。所以说"喜时之言多失信，怒时之言多失礼"。

作为大学生，可以从以下几个方面做到谨言慎行。一是多学习，主动学习相关知识，提高自身妥善处理事情的方法和能力；二是多听多看，听听阅历丰富、处事稳重的人处理事情的意见，看看他们处理事情的语言和方法；三是多思考，说话做事前要反复思考，想清楚语言和行为可能造成的后果，不要捕风捉影，妄下结论，更不能凭空臆造；四是努力管理好自己的负面情绪，不要在愤怒状态做决定，不让自己在冲动之下做出伤人伤己的言语和行为；五是区分对象和场合，根据事情发生时间、地点、场合、对象，以及行为人的性格特征采取不同的应对方式，言行内容要与自己的身份相称，不说越位的话，不做出格之事。对上下级、亲朋好友、老师同学乃至陌生人都要做到礼貌待人、言语文明、谦逊诚恳。

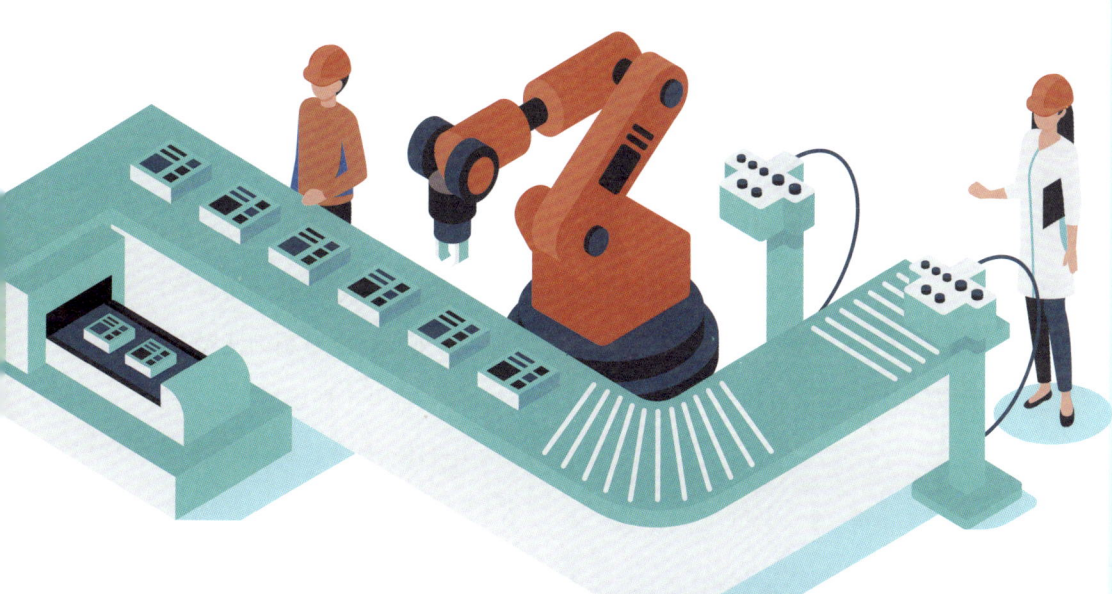

读一读

二、"信"的思想

"信"就是诚实守信，因信守承诺而赢得他人信任。诚信与否是人类社会活动的一个重要评价指标。诚实，就是光明磊落，言而有信、行而有品，表里如一；守信，就是信守承诺，不欺骗、不隐瞒。诚实守信是社会主义核心价值观在社会组织、个人层面的一个基本准则，是中华民族传统美德。不管是对于社会组织或个人，诚信都具有十分重要的意义和作用。

（一）诚信是生存之魂

诚信精神是做人的根本，是一切道德的基础，是人之为人的重要的品德，是一个社会赖以生存和发展的基石。对个人而言，只有讲诚信，才能问心无愧、脚踏实地，彼此信任、合作共赢；对社会而言，诚信也是企业取得长足发展的基石，是建立行业之间、单位之间良性互动关系的道德杠杆。塑造和坚持企业诚信作为企业文化的核心价值观，对形成支撑企业健康发展的独特文化特征，推动企业从优秀迈向卓越具有巨大的促进作用。

（二）诚信是立身之本

诚信是一种人们在立身处世、待人接物和生活实践中必须而且应当具有的真诚无欺、实事求是的态度和信守承诺的行为品质。诚信不仅是一句口号，而是映射在我们生活、工作的各个方面，只有时时处处、时时刻刻诚实守信才能取信于人。诚信对加强社会成员的个人道德涵养，提升全民族的文明素质，

培养有知识、有作为、讲道德、守法纪的公民具有重要作用。诚信是个人安身立命的精神法宝。

（三）诚信是立业之本

诚信要求人们以实事求是的原则指导自己的行动，以知行合一的态度对待各项工作。诚信不仅指公民和社会组织之间的商业诚信，也包括建立在公平正义基础上的社会公共诚信，如制度诚信、国家诚信等。政府组成、制度构建都应当充分体现诚信原则，权力的行使也离不开诚信原则的规制。背离诚信，政府就会脱离群众，制度就会成为创造不公平的摇篮。

（四）诚信是立国之本

诚信是国家、政府取信于民、团结人民的人文精神和道德信念，是维护国家正常生产生活秩序的重要手段。诚信是政事的根本，国家、政府诚信是第一诚信，是整个社会和谐稳定的基础。对内，诚信是人民拥护、支持政府的重要支撑；对外，诚信是国家地位、尊严的体现，是国家自立自强于世界民族之林的重要力量和标志。

读一读

★ 大学生诚信准则

》1. 学习诚信

1-1　求真务实、脚踏实地

（1）学习踏实刻苦，不得无故迟到、早退、旷课，请假理由应充分、真实，不得虚构请假事由。

（2）自觉遵守和维护课堂秩序。课堂上尊重任课老师，不得有看小说、听歌、打电话、发短信等与课堂无关的行为，不得随意进出教室。上课点名必须由本人答到或签到，不得由他人代答或代签。

1-2　严谨治学、抵制剽窃

（1）任课老师布置的课后作业、训练项目、调查报告以及毕业设计必须由本人独立完成，不得由他人代为完成。

（2）学生在完成调查报告、毕业设计的过程中，文献引用应注明出处，严禁剽窃、照抄他人著作，侵犯他人著作权构成违法事实的，按相关法律法规处理。

1-3　勤学谦虚、杜绝作弊

（1）在学校组织的期中、期末考试及其他等级资格考试中，应遵守相关考试规则，按时到场、备齐证件、对号入座、举手提问、不得离座，不得携带与考试无关的物品入场，考试过程中不得交谈、抄袭、传讯、夹带、自诵答案或有其他作弊行为。

（2）有作弊行为被举报或被监考人员发现者，除将其试卷作废，该课程以零分计外，视情节轻重，由学校相关部门予以警告、记过直至开除学籍处理。

（3）严禁学生以任何形式向任课老师及监考、改卷人员赠送礼品礼金或以其他形式索要分数，学生有此行为或类似行为者，一经发现，一律严肃处理。

1-4　自尊自律、打击枪手

（1）不得以任何形式盗取、发布或买卖任何考试答案。
（2）不得以任何理由请他人代自己或替他人参加任何性质的考试。

» 2．经济诚信

2-1　交费及时、欺骗可耻

每学年开学时主动、及时交纳学杂费，不得恶意拖欠、拒绝交纳或擅自将应作为学杂费的款项挪作他用。不得向家长谎报学杂费数额，向家长索取高于应交纳学杂费数额的款项，欺骗家长和学校。

2-2　律己求诚、资信真实

（1）申请国家助学贷款必须提供真实可靠的资格证明材料，不具备申请资格而以伪造、变造相关证明材料及其他方式弄虚作假以骗取国家助学贷款者，一律不许申请并按相关规定严肃处理。
（2）不得以伪造、变造奖状、证书等证明材料及其他方式弄虚作假骗取各类奖励、补助，一经发现，取消相关申请资格并严肃处理。

2-3　信守合约、按期还贷

（1）享受国家助学贷款的学生如确实有困难无法按时缴纳贷款本息，应及时与贷款银行和学校资助中心取得联系，协商解决，并按有关规定自觉交纳滞纳金。
（2）享受国家助学贷款的学生必须按时归还贷款利息。
（3）享受国家助学贷款的学生毕业后必须将自己的最新工作单位和联系方式及时告知贷款银行和学校资助中心，并在规定还款期限内还清贷款。

读一读

» 3. 生活诚信

3-1 待人真诚、有诺必践

在生活中应坚持用诚信的原则约束自己，真诚对待每一个人，做到言必行、行必果。

3-2 坦荡磊落、勇担责任

在生活中如果因为自己的过错导致不良后果的出现，应主动承认错误、承担责任并及时补救，做到不推诿、不逃避。

3-3 勤俭节约、抵制虚荣

在生活中应发扬艰苦朴素的作风，不向父母、学校及他人提出现实条件难以满足的和不切实际的要求，不得以任何借口让父母满足自己的奢侈要求。

3-4 有借有还、拾金不昧

（1）借用他人财物应及时归还。不能到期归还的，应说明理由并请求他人谅解。

（2）拾得他人财物应及时归还失主，不能找到失主的，应上交有关机关处理。

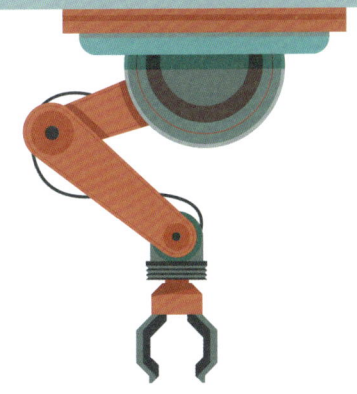

3-5　善待图书、归还及时

（1）在图书馆借阅图书时应保持图书资料的整洁，不得在图书上乱涂乱画、撕毁图书，违者按学校有关规定处理。

（2）借阅图书应按规定及时归还，如出现特殊原因到期不能归还，应及时与学校图书馆取得联系，并交纳滞纳金。

（3）借阅图书的过程中导致图书破损和遗失的，应主动按有关规定进行赔偿。

3-6　文明上网、谨慎言行

（1）不得利用互联网进行诈骗等犯罪活动，不得从事危害网络安全的行为。

（2）不得利用互联网发布任何影响祖国统一、危害社会稳定、损害学校声誉、扰乱学校正常教学秩序的言论和其他不应发布的言论。一经发现，按国家有关法律法规和学校有关规定进行处罚。

读一读

4. 就业诚信

4-1 互信互助、公平竞争

（1）在就业时应坚持相互鼓励、相互支持、公平竞争，不得以不正当方式妨碍他人就业。

（2）学生干部应及时发布就业信息，告知所在年级或班全体同学相关信息及要求，不得无故拖延。

（3）就业面试时，学生不得请人代为面试或替他人面试。

4-2 简历真实、证件可靠

在制作就业简历等自荐材料时，应本着实事求是的态度，不得以伪造、编造奖状、证书等证明材料以及涂改成绩单等方式欺骗用人单位。

4-3 慎重选择、严禁悔约

（1）签定就业协议时应慎重考虑，一经签约，没有特殊理由不得轻易悔约。

（2）悔约时应提出充分理由，提供相关证明材料，并承担相应的违约责任。

5. 活动诚信

5-1 踏实工作、账目真实

（1）学生干部及学校各部门的学生助理在从事学生工作、组织相关活动时，不得欺骗老师和同学，不得以权谋私或为他人提供便利而损害其他人利益。

（2）学生干部及学校各部门的学生助理在从事学生工作、组织相关活动时，不得虚报活动账目，不得挪用、侵占活动经费，一经查实，予以严肃处理。

» 6. 实习诚信

6-1　实习守法、不谋私利

（1）实习时自觉严格遵守国家法律法规和实习单位章程、规则。

（2）实习时不得以权谋私，接受他人吃请，收受他人礼品礼金。收到礼品礼金应马上退还当事人，如当时未发现，事后应退还当事人或主动上交实习单位。

企业员工诚信准则

三、诚信品格的培养

诚信培养应该借助于自觉自律。诚信既是相互的，又应当是主动而为的，很难相信一个不讲诚信的人会得到他人的信任。如果我们一味强调只有他人先诚信，才有我对他人的诚信，那只能是以己之矛，攻己之盾——不攻自破。要塑造自身诚信品质，就是要努力做到自律——自我约束，自我管制，从细节做起。自律与诚信是有机统一的，没有自律，诚信只是空谈；没有自律，诚信会危机四伏；没有自律，诚信就是无源之水、无本之木。

诚信是一种道德准则，又是自律的当然结果。通过自律，我们不断提升自己的诚信度，增强他人对自己的信任感。对我们大学生来说，树立诚信的品质就是从不抄袭作业开始，从考试不作弊开始，从言而有信开始，把诚信自律变成行动自觉，贯穿于日常生活中的方方面面，不断拓展自身的诚信资源，为自己的未来架设信誉桥梁。

议一议

话题 1

这几年国家对高校大学生的资助力度进一步加大,国家助学贷款、国家助学金、各类奖助学金等种类繁多,数额较大。但仍存在有同学为了获得资助,谎报家庭收入,弄虚作假,编造家庭贫困等现象,请你对此发表自己的看法。

话题 2

　　大数据时代，各种金融 APP、网络借款平台花样繁多，部分同学自制力不强且受到过度消费的诱惑，导致还款压力巨大后索性放弃还款。诚实守信、理性消费，培养良好的信用意识，是杜绝此类事件发生的根本措施。各小组发表意见，分享自己理性消费的方法，培养良好的信用意识。

学习诚信

经济诚信

写一写

生活诚信

择业诚信

做一做

活动 1

开展一次社会调研,进行一场诚信榜样大搜索,寻找我们身边的诚信榜样。

也许他(她)是你尊敬的老师,也许他(她)是你身边默默无闻的同学,也许他(她)是晨曦中的环卫工人,也许他(她)是执勤的交警,也许他(她)只是一位在你生命中擦肩而过的陌生人……

要求:每位同学提名一位诚信榜样并说明理由。最后,由全班同学投票选出公认的十位诚信榜样并总结这些榜样的品质。

寻找身边的诚信榜样

榜样编号:_____

榜样姓名:_____

理由简述:_____

_____

_____

_____

_____

_____

活动 2

学习了谨信相关内容，你后续有什么样的计划来推进"谨信"在校园生活中的传播？

时间	实施目标	实施内容

做一做

我的活动记录

评一评

对照自己日常学习、生活中诚信方面的行为表现,对下表所列诚信条目进行评价。

诚信自我评价

评价条目	评价结果	评价条目	评价结果
待人诚信、不虚伪	□已做到 □基本做到 □存在差距,努力做到	作业独立,不抄袭	□已做到 □基本做到 □存在差距,努力做到
信守诺言,不失约	□已做到 □基本做到 □存在差距,努力做到	考试认真,不作弊	□已做到 □基本做到 □存在差距,努力做到
做事负责,不推诿	□已做到 □基本做到 □存在差距,努力做到	学会节俭,不攀比	□已做到 □基本做到 □存在差距,努力做到
遵守校规,不违纪	□已做到 □基本做到 □存在差距,努力做到	孝敬父母,不淘气	□已做到 □基本做到 □存在差距,努力做到
学习求实,不浮躁	□已做到 □基本做到 □存在差距,努力做到	知错就改,不重犯	□已做到 □基本做到 □存在差距,努力做到

改进与提升成效

评价维度	改进与提升的成效
思想观念	
理论知识	
行为表现	

古代贤哲谈诚信

诚信是做人的基本准则，但究竟怎样才算是有诚信？看看中国古代贤哲如何实践诚信之道。

1. 戒欺

戒欺，即不自欺亦不欺人。《礼记·大学》说："所谓诚其意者，毋自欺也。"意谓真诚实意就是不自欺。

宋代哲学家陆九渊也说："慎独即不自欺。"即便在闲居独处时，自己的行为仍能谨慎不苟且，不会自欺。

中国现代学者蔡元培先生说过："诚字之意，就是不欺人，亦不可为人所欺。"可见，戒欺是诚信的重要准则之一。

2. 过而能改

《左传·宣公二年》曰："人谁无过？过而能改，善莫大焉。"

孔子曰："过而不改，是谓过矣。"

韩愈曰："告我以吾过者，吾之师也。"

陆九渊曰："闻过则喜，知过不讳（忌讳），改过不惮（畏惧）。"

延伸阅读

申居郧曰："小人全是饰非，君子惟能改过。"由此可见，中国古代贤哲认为如何对待过错，是君子与小人的重要区别之一。

3. 信守承诺

《左传·僖公十四年》曰："弃信背邻，患孰恤之？无信患作，失援必毙。"意思是说，若自己丧失信用，背弃邻国，遇到祸患有谁会同情自己。失去了信用，一旦祸患发生，没有人来支援自己，就必定会灭亡。由此可见，重诺守信是十分重要的。如果我们对别人许下诺言，就必须认真对待，对自己的承诺负责，切勿掉以轻心，失信于人。在平日待人处事时，我们可先从守时开始做起，然后对家人、朋友信守承诺，以诚信待人。

4. 诚信待人

中国古代哲学家认为诚信是人的修身之本，也是一切事业得以成功的保证。《河南程氏遗书》卷二十五云："学者不可以不诚，不诚无以为善，不诚无以为君子。修学不以诚，则学杂；为事不以诚，则事败；自谋不以诚，则是欺其心而自弃其忠；与人不以诚，则是丧其德而增人之怨。"说明"诚"对于"做人""做事"是何等的重要。

5. 言行一致

中国古代哲人要求言行一致，《礼记·中庸》曰："言顾行，行顾言。"切不可"自食其言""面诺背违""阳是阴非"，所以朱熹认为"信是言行相顾之谓"，要求"口能言之，身能行之"，这才是"国宝"；如果"口言美，身行恶"，那是"国妖"，是君子所不取的。孔子说过："始吾于人也，听其言而信其行；今吾于人也，听其言而观其行。"意思是说，从前孔子对于人，只要听了他讲的话，就会相信他的行为；现在孔子对于人，当听了他讲的话后，还要观察他的实际行为。在这里，孔子肯定道德实践是评价诚信品格的标准。

学校校园平面示意图

延伸阅读

范仲淹：历经磨难守秘方，谨守诚信践诺言

范仲淹是北宋著名的政治家、思想家、军事家和文学家，世称"范文正公"。范仲淹青少年时曾在三思书院读书，由于他勤奋学习，成绩优异，深得书院的一位李姓先生赏识。这位李先生是一位知识渊博、精通阴阳五行的术士。他长期研究炼金术，劳累过度，加上长期接触丹汞之毒，最终吐血而死。临死之前，李先生交给范仲淹一个包裹，包口用火漆封得严严实实，还加盖了印章，托付说："这里面有一张祖传的炼金秘方，我托你代为保管，等见到我儿子时交给他。"范仲淹郑重地答应了。

范仲淹为李先生料理完后事，就进京赶考去了。一路上，他并没有注意到有一个戴斗笠的跛脚人一直尾随着自己。走到荒无人烟的郊外时，这人突然从草丛中窜出，手持大刀，逼迫范仲淹交出炼金秘方。范仲淹跟跛脚人装糊涂，说自己根本不知道什么炼金秘方。那人大笑说："我亲眼看到李先生将一包白金和祖传炼金秘方交给了你。你不要装糊涂了！"说着，那人摘下头上的斗笠。范仲淹这才发现，这人竟是自己的同窗，那天他在门外偷听到了李先生的遗言。

范仲淹无奈，趁其不备，拔腿就跑。跛脚人在后面紧追不舍。最后，范仲淹被逼到了悬崖边，眼看就要被跛脚人抓到，范仲淹心想：哪怕是自己死了，也不能让别人所托之物落入他人之手！于是便毅然跳崖。也许命不该绝，范仲淹恰好被挂在悬崖峭壁边的一棵大树上，幸免于难。当时，他手里还紧紧地攥着那只包裹。

大难不死的范仲淹来到京城。一日，他目睹得宠的李太监欺压百姓，非常气愤，就说了几句公道话，不想因此遭到毒打，差点丧命。幸而被一位王大人遇见并将他救下。王大人见范仲淹伤势严重，便把他带回家中疗伤。两人一见如故，很快便成了"忘年交"。在一次闲谈中，范仲淹惊奇地发现，王大人竟然是已故李先生的同乡，而且还是情谊甚笃的儿时好友。有了这一层关系，范仲淹便把先生所托之事告诉了王大人。

京试发榜了，范仲淹高中进士，王大人设宴为他庆贺。与此同时，那位跛脚同窗投靠了李太监，成了他的心腹。跛脚人将范仲淹藏有炼金秘方一事告诉了李太监。李太监顿时极感兴趣，想得到秘方，立即直奔王大人府上。

李太监一见范仲淹，发现他竟然是自己曾经毒打过的那个人，也就少了客套，开门见山地说："我听说了，李先生的炼金秘方在你手上，快把它交给我，我给你一大笔钱，保你一辈子荣华富贵，享用不尽。"范仲淹一口拒绝了。他说："我并不知道什么炼金秘方，只有一个包裹，那是受先师之托，替他的孤儿保存的。"李太监见范仲淹对钱财毫不动心，只好悻悻离去。

李太监无功而返，心有不甘。跛脚人献出一计：明的不行，就来暗的。深夜，一个黑影溜进了范仲淹所住的房间，偷走了包裹。拿到包裹的李太监欣喜若狂，不料跛脚人却拔出匕首，刺向了李太监……跛脚人打开包裹，一下子傻了眼：包裹里根本没有什么炼金秘方，只有一团破布。就在这时，侍卫们冲了过来，拿下了跛脚人。原来范仲淹早就料到李太监会出此下策，所以预先调换了包裹。

又过了几天，有一个自称是李先生儿子的少年来到王大人府上，投靠王大人。范仲淹喜出望外——先师的遗愿终于可以实现了。范仲淹回忆先师临终前的情景，那少年立即追问："家父有没有留下什么东西？"王大人立即让范仲淹转交遗物。范仲淹迟疑了一下，回房间取出了包裹交给了那少年。

当夜，那少年悄悄地来到王大人的书房，将包裹交给了王大人。王大人得意忘形地大笑："我终于如愿以偿了！李太监只知蛮干，最后丢了小命；我巧

延伸阅读

用计谋,神不知鬼不觉地就把秘方弄到手了。范仲淹那小子现在还蒙在鼓里呢!"王大人的话音刚落,门"嘭"地一声被踢开了,范仲淹愤怒地站在门口,大声斥责道:"真想不到,你连同乡好友托给孤儿之物也要抢夺!"不料,王大人却哈哈大笑起来,原来同乡、好友、李先生的儿子……这一切都是他精心策划、胡编乱造的。范仲淹这时才明白:他自始至终都中了王大人的圈套了!但是,他除了愤怒却还有一丝庆幸……

王大人急切地打开包裹,不想里面竟是一些杂物。这时,该轮到范仲淹哈哈大笑了,他说:"你的谋划确实天衣无缝,只可惜你求物心切,最后一步太仓促了!但凡为人子者,闻知家父去世,当会号啕大哭,可这位自称是恩师儿子的少年却毫无表情,反而立即追问有无遗物,这怎么能不让我起疑心呢?"王大人颓然瘫倒在地。

三年以后,范仲淹历经艰辛终于找到了先师的儿子,把先师所托之物——祖传的炼金秘方,完好地交到了先师的儿子手上。包裹上面,当年的火漆和印记完好无损。

读一读

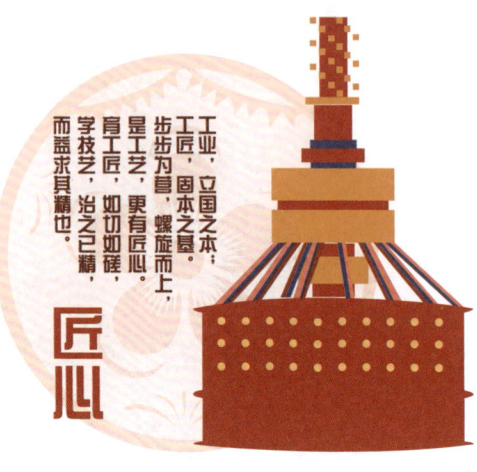

匠心

工业,立国之本;工匠,固本之基。步步为营,螺旋而上,是工艺,更有匠心。育工匠,如切如磋,学技艺,治之已精,而益求其精也。

惟精惟一,用功精深。追求技术的精良、高效,乃至卓越,应该是技能型人才贯穿一生的目标。取自《尚书·大禹谟》:"人心惟危,道心惟微,惟精惟一,允执厥中。"

学习方法

读一读
阅读教材和观看视频,正确理解惟精惟一的含义。

议一议
以小组讨论方式结合教师讲解,加深对惟精惟一的认识。

写一写
把对知识点的所见、所学、所思、所想外化,形成正确的价值遵循。

做一做
结合实际付诸实施,恪尽职守,着力于精益品质的实现。

我们的目标

理解、倡导与践行**精雕细琢**，

精益求精，**追求完美**的精神，

培养自己追求**精益**、**专注**、**执着**、**坚守**、**耐心**、**恒心**等品质，

学习工匠们**谨慎仔细**、**一丝不苟**的工作作风，

在工作岗位上**兢兢业业**、**求真务实**、**不断进取**，

以**工作规范**和**行业标准**严格要求自己。

立足**本职岗位**，发挥**自身特长**，

增强**责任意识**，改进**工作作风**，提高**工作效率**。

在学习和工作中弘扬与践行**脚踏实地**、**精益求精**，

追求**完美的品质**，实现**人生的理想**，展现**自己的人生价值**。

读一读

1 习语金句

劳动没有高低贵贱之分，任何一份职业都很光荣。广大劳动群众要立足本职岗位诚实劳动。无论从事什么劳动，都要干一行、爱一行、钻一行。在工厂车间，就要弘扬"工匠精神"，精心打磨每一个零部件，生产优质的产品。在田间地头，就要精心耕作，努力赢得丰收。在商场店铺，就要笑迎天下客，童叟无欺，提供优质的服务。只要踏实劳动、勤勉劳动，在平凡岗位上也能干出不平凡的业绩。

——习近平在知识分子、劳动模范、青年代表座谈会上的讲话

（2016年4月26日）

素质是立身之基，技能是立业之本。广大劳动群众要勤于学习，学文化、学科学、学技能、学各方面知识，不断提高综合素质，练就过硬本领。要立足岗位学，向师傅学，向同事学，向书本学，向实践学。三百六十行，行行出状元。任何一名劳动者，无论从事的劳动技术含量如何，只要勤于学习、善于实践，在工作上兢兢业业、精益求精，就一定能够造就闪光的人生。

——习近平在知识分子、劳动模范、青年代表座谈会上的讲话

（2016年4月26日）

大力弘扬劳模精神、劳动精神、工匠精神。"不惰者,众善之师也。"在长期实践中,我们培育形成了爱岗敬业、争创一流、艰苦奋斗、勇于创新、淡泊名利、甘于奉献的劳模精神,崇尚劳动、热爱劳动、辛勤劳动、诚实劳动的劳动精神,执着专注、精益求精、一丝不苟、追求卓越的工匠精神。劳模精神、劳动精神、工匠精神是以爱国主义为核心的民族精神和以改革创新为核心的时代精神的生动体现,是鼓舞全党全国各族人民风雨无阻、勇敢前进的强大精神动力。

——习近平在全国劳动模范和先进工作者表彰大会上的讲话

（2020年11月24日）

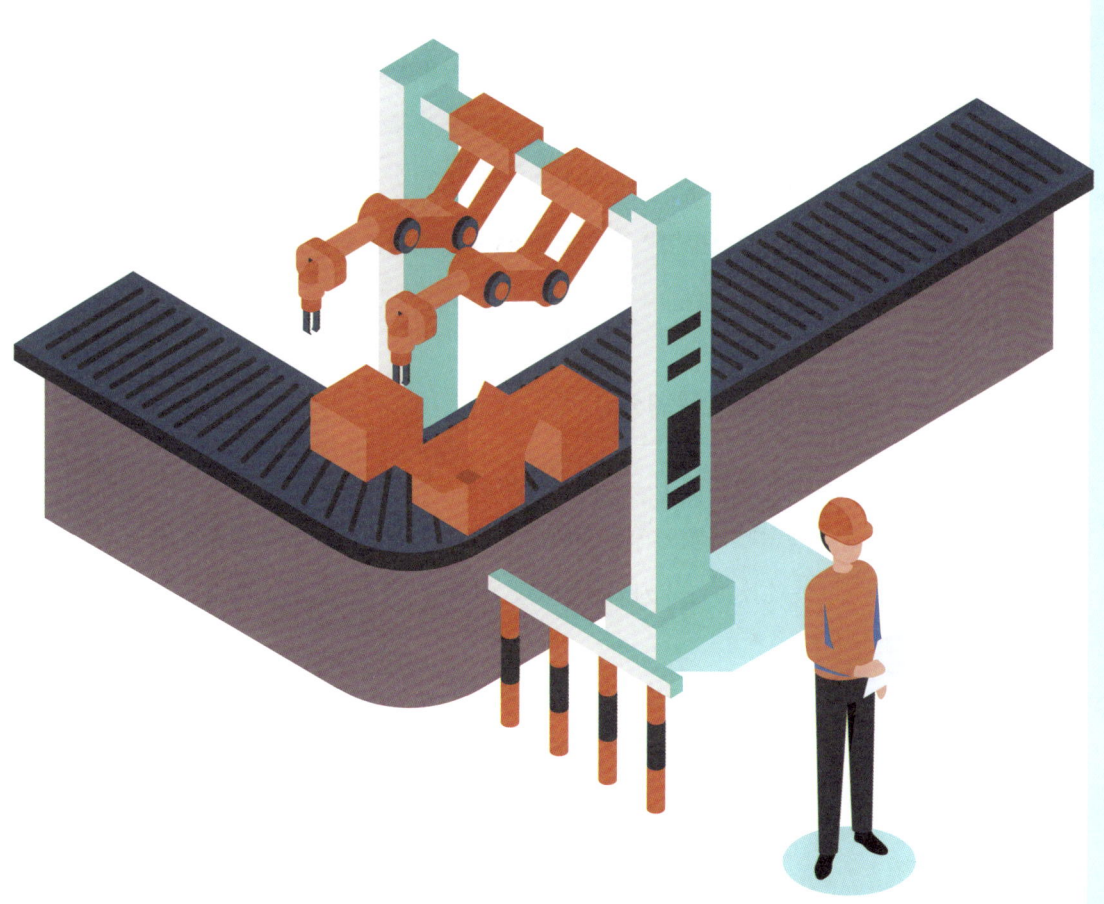

读一读

2 榜样引领

"大国工匠"朱林荣:"焊卫"高铁安全,永远追求极致

高铁时代,动车组列车飞驰的背后,凝聚了无数人的辛勤与智慧,朱林荣就是一名高铁安全的"焊卫"者,他用35年时光铸造着高质量的长钢轨,为列车的平稳运行保驾护航。

每一道工序都要达到满分

如今,旅客乘坐高铁动车,已经很难听到"哐啷哐啷"的撞击摩擦声,取而代之的是"嗖,嗖,嗖……"飞驰的声音,这正是长钢轨发挥了作用,减少了钢轨接头间的撞击,让列车行驶得更加平稳。

"500米的长钢轨,是由5根百米钢轨经过12道关键工序的加工,最终被焊接而成。""长钢轨的焊接工艺复杂,科技含量高,钢轨接头顶部行车面的平直度要控制在每米 0.1～0.3 毫米，接头导向面平直度要控制在每米 -0.2～0.1 毫米，相当于 5 根头发丝那么细。"

焊接一根 500 米的长钢轨，首先需"焊轨师"对钢轨母材进行几何尺寸、表面伤损检测，然后经过除锈除湿、配轨、焊接、焊后粗磨、热处理、钢轨时效、精调直、精铣、接头探伤、接头平直度检测等 12 道关键工序，最后经检验合格才能出厂。

"对于焊轨而言，流水线上每一道工序都比较重要，前一道工序中出现疏漏都会直接影响到下一道工序的开展。"朱林荣要求，"每一道工序都要达到满分！"

简单一小步成就创新一大步

1993 年，为了引进钢轨焊机，朱林荣去瑞士学习，感受到那里的现代化。同样是焊轨，那里的一个车间就只有四五个人，这让他很震惊。

从那时起，朱林荣就下定决心，要创新工艺，优化设备，解放技术工人的双手。多年来他主持或参与的科研项目多次获原铁道部、上海铁路局、上海市科技成果奖，他提出的合理化建议多次获得上海铁路局合理化建议奖。在长钢轨焊接流程中，处处都有朱林荣的研究成果。

钢轨焊前除湿装置就是其中之一。朱林荣介绍，焊接过程中钢轨需要保持干燥，雨雪天气对焊接工作会产生很大的影响。遇到这种情况，有的厂

读一读

干脆停产等雨停，等钢轨自然风干，有的厂则用人工将钢轨擦干。前者耽误工期，后期耗费人力，怎么解决呢？

钢轨焊前除湿装置就是朱林荣想出的解决办法，该装置集除冰、除湿、除浮锈为一体，通过机械擦拭和风干，解决了特殊天气下难以开展工作的问题。

流水线上的许多工序都实现了半自动化，将简单却耗时的工作交给机器处理。朱林荣打趣说："科技的发展，可以让人类'偷懒'。"

朱林荣最津津乐道的就是他发明的"三个罩子"。第一个是在空气压缩机上设计了一个风扇和消音器，解决了工作环境温度过高带来的机器趴窝问题和空气压缩机声音过大带来的扰民问题。第二个是在钢轨除锈环节的除尘装置，它的除尘效果达到了80%，优化了工人的工作环境。第三个是在焊接机上的"除烟罩"，它有效降低了焊轨时产生的锰蒸汽给工人带来的不适感。"这些改进看似简单，但切实解决了实际问题，而我们就是要用这些简单的办法来解决工作中的点点滴滴的问题。"朱林荣说。

没有最好，只有更好

设备的改进可以提高生产效率，优化工作环境，但也对工人素质提出了更高的要求。

朱林荣认为，被先进设备解决了双手的技术工人不能"只会按按钮"，而要了解机器的运行原理和维修知识，不断提升自己，才能越做越好，保证钢轨品质。

"没有最好，只有更好。"朱林荣眼中的工匠精神，也体现在他的人生轨迹中。工作上，他从实习生、电工到安全员、技术员，再到助理工程师、工程师、高级工程师，一直在实现着更高的目标。学习上，1982年技校毕业后就参加工作的他不忘提升专业理论水平，1988年毕业于上海轻工业高等专科学校电气自动化专业（夜大），2001年毕业于上海第二工业大学工业电气自动化专业。

1998年起，他参与了我国首台提速区段无缝线路钢铁轨脉动焊机的研制，开创了我国移动式钢轨闪光焊机国产的先河；2002年，他参与了国产首例焊轨列车的研制并在京九线得以成功运用；后续又参与移动焊轨基地的设计、安装、调试和应用，为上海城市轨道交通线焊接长钢轨提供了条件……

他总是说："想法和实际实施之间会存在很多问题和困难，但只要有决心，就一定能克服这些困难。"

推荐同学们观看纪录片《大国工匠》。

方文墨：文墨精度

共建质量、共筑梦想

读一读

"天下难事，必作于易；天下大事，必作于细。"

——习近平在比利时布鲁日欧洲学院的演讲中引用（2014年4月1日）

典故

图难于其易，为大于其细。天下难事，必作于易；天下大事，必作于细。

——【春秋】老子《道德经》

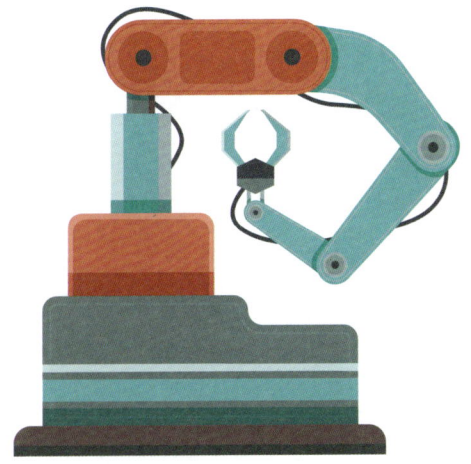

释义

谋划大事难事，要从小处和容易处考虑。天下的难事，都是先从容易的地方做起；天下的大事，都是从细微的小事做起。《老子》充满了辩证的智慧。正如学校校训"惟精弘毅"所取寓意，从小处做精细，是工匠精神追求的匠心品质，也是我们做事做人需有的追求。

解读

天下的难事，一定是由容易的事情演变而成的；天下大事，一定是从细小处开始累积的。做人做事，往往见微知著，我们需要有宏大的顶层设计，但绝不是好高骛远，要脚踏实地，一件事一件事去办，一个难关一个难关去过，积少成多，积沙成塔，将小事做实，将细节做精，才是事业发展的根本方法。

读一读

"慎易以避难,敬细以远大。"

——习近平在同中央办公厅各单位班子成员和干部职工代表座谈时的讲话中引用

典故

有形之类,大必起于小;行久之物,族必起于少。故曰:"天下之难事必作于易,天下之大事必作于细。"是以欲制物者于其细也。故曰:"图难于其易也,为大于其细也。"千丈之堤,以蝼蚁之穴溃;百尺之室,以突隙之烟焚。……此皆慎易以避难,敬细以远大者也。

——【战国】韩非子《韩非子·喻老》

释义

《韩非子》是集先秦法家学说大成的代表作。其《喻老》篇，用历史故事和民间传说阐发老子思想。

在这段话中，韩非子解释了"图难于其易，为大于其细。天下难事，必作于易；天下大事，必作于细"。为此，他举反面例子加以论证："千丈之堤，以蝼蚁之穴溃；百尺之室，以突隙之烟焚。"突隙：烟囱上的裂缝。烟：飞迸的火焰。意思是，千丈长的大堤，因蝼蚁的小洞而溃决；百尺高的房屋，因烟囱裂缝溅出的火花而焚毁。不拘小节，不注意在小处消除隐患，最终必酿成大祸。这就是成语"千里之堤，溃于蚁穴"的由来。韩非子由此得出结论："慎易以避难， 敬细以远大。"谨慎地对待容易的事以避免困难，郑重地对待细小的漏洞以远离大的灾祸。

解读

"上面千条线，下面一根针"，很多人这样形容本职工作。然而，再繁难复杂，也能任务分解；再千头万绪，也能条分缕析。做人做事都应该一丝不苟、严谨细致、精益求精，于细微之处见精神，在细节之间显水平。一座摩天大楼，离不开每一块砖头、每一根钢筋的凝聚；满屋的光亮，也离不开每一根蜡烛擎起的光明。 我们每个人都应该培养自己不弃微末的能力，同时在面对纷繁复杂的局面时，临阵不乱，穷尽各种可能的情况、覆盖容易忽视的细节，才能把好事办好，把实事办实。以强烈的事业心与责任感，兢兢业业做好各项工作。精益求精，不欺小节，才能真正走向成功与辉煌。

4 知识学习

一、惟精惟一的内涵

"惟精惟一"就是专心致志、不计名利的钻研精神。抛弃私心杂念，而志虑精纯，一心一意去探索真理、追求理想。始终以严谨的工作态度、纯粹的专业眼光严苛地审视自己的工作，酝酿最完美的工艺流程和关键技术，不允许有任何疏漏。一丝不苟地做事，杜绝任何投机取巧的行为。

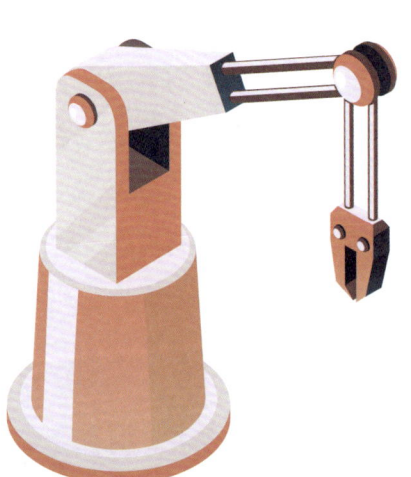

"惟精惟一"就是锲而不舍、久久为功的笃定精神。成功不是一蹴可就的，往往需要经过无数次的试错。需要葆有坚持不懈的精神，蓄积水滴石穿的韧劲，立足于实际又胸怀长远的实干，做到一张蓝图绘到底，不畏难，不松劲，不停步。

"惟精惟一"就是精益求精、一丝不苟的工匠精神。细节决定成败,来不得半点马虎。我们要追求高质量发展,完成从"中国制造"向"中国创造"的精彩"蝶变",就必须潜下心、埋下身,发扬工匠精神,不仅要量的扩张,更求质的提升。

二、惟精惟一在职场中的体现

(一)专一行、精一行

　　在经济全球化进程不断加快的今天,各个行业都要求专业化、技术化、现代化,各行各业对人才的要求越来越高,具备精业精神的员工是企业成功的关键,也是当今企业选择人才的主要标准之一。精业的员工自然成为各大企业猎取的对象。对于员工来讲,谁更精业,谁就拥有更多的机会。"钉好一枚纽扣"就是力求做到最好,就是精业。无论从事什么行业,只要想在该行业中站稳脚跟,做出一番成就,就必须具备精湛的专业技能,并且还要以精益求精的态度不断提高自己的专业技能。

（二）练到极致，就是绝招

把简单的工作做到极致就是精业，把简单的技能练到极致就是绝招。一个人精通某项技艺，哪怕是一项十分简单的技艺，只要他做得比所有人都好，也能获得赞赏。员工要想精通一行，首先要树立"没有不重要的工作"的理念，然后想尽办法提高自己的技能。把简单的技能练到极致，需要的是认真；把简单的工作做到极致，需要的也是认真。"认真"是做事必备的品质，是事业成功的前提和保证。要想做成事，没有认真精神是不行的；相反，有了认真精神，也就相应地会有对工作高度负责、一丝不苟、精益求精的态度和作风，能够把事情办成、办好。

绿茵场上运动人，你踢我掷奋力奔。
体魄强健展英姿，逐梦高远昌国运。
学校《奔跑》雕塑，位于运动场。

（三）注重细节，成就精业

在职场上就应当严格遵循工作标准，杜绝粗心大意，认真做好工作中的每一个细小环节，严格遵守工作标准，每个步骤、每个环节都按要求做到位，细节决定成败，细节成就伟大，杜绝粗心大意。"差不多"就是差很多，细致入微，把每个细节都做到极致，做到完美。在精、细、实上下足功夫，不容许产品有任何瑕疵。用心工作，在每个微末细节上都精雕细琢，直到穷尽自己的心智；追求极致，力求让手中所出的每一件产品都是精品乃至极品，并融入自己独特的技艺特色和精神气质。

惟精惟一就是工匠应该具有的求实严谨、注重细节、追求极致的工作态度。

读一读

三、大学生精益品质的实现

（一）专注本职，勤于学业

对于在校大学生来说，最重要的就是认清自身所处的阶段和环境，心无旁骛地进行学习。既要努力学习科学文化知识，又要学习为人处世的道理。要做到勤奋好学、踏实肯干。未来我们所面临的大千世界，无数的挑战，无数的坎坷，机会与危机并存，只有我们刻苦努力地学习，才能战胜这些挑战，跨越这些坎坷，抓住这些机会，挽救这些危机。

（二）关注细节，塑造完美

大学生在日常生活、学习和企业实习过程中从小事做起，努力成为关注细节、重视小事的人。将重复的、简单的日常工作做精细、做到位，用做大事的心态努力去做好每一件小事，并恒久地坚持下去，将小事做细，在做事的细节中寻找机会和积累经验。让注意细节成为习惯，自发、认真地对待每件事情，坚持按质按量地完成每一项任务，做好每一件事情。生活、学习、工作中留心观察，关注细节、改进方法、追求极致，不放过任何差错，尽力做到精益求精。

（三）刻苦钻研，勇于创新

大学生要具有刻苦努力的精神，善于思考、勤于研究，努力提高自己的专业素质；要有强烈的创新意识，头脑要灵活，有坚持不懈的精神，在学习过程中敢于提出质疑、善于发现问题、善于创新，并且形成多维角度来思考问题的习惯。以坚持不懈的精神、乐观的心态和坚强的意志，致力于当前的学习和以后的工作。只要有了这些精神，大学生才能在未来的工作岗位中站稳脚跟，有利于精益求精精神的充分发展，最终使大学生的自我价值与社会价值更好地结合在一起，为社会主义的建设作出自己的贡献。

提升个人创新思维能力的途径

途径	说明
培养自我学习能力	◎只有能够主动自我学习,才能知道怎样学习、怎样研究以及怎样创新 ◎在培养自我学习能力时,应在开放的学习环境中进行培养,以拓展知识的获取途径
培养信息处理能力	◎对信息技术的应用能力、查询能力,以及对信息加工处理及消化、吸收、利用并创造新信息的能力是信息处理能力的关键部分,直接影响员工个体知识创新、技术创新的能力
培养非智力因素	◎非智力因素一般包括兴趣、情感、意志、性格等,这一因素不是人生而有之的,而是在后天的生活及学习中养成的,要根据客观规律有目的地培养个人的兴趣、情感、意志、性格等,并保持开放的状态
磨炼个人逆商	◎逆商是指人们面对逆境时的反应方式,体现的是人们面对挫折、摆脱困境和超越困难的能力。应从自己的兴趣、需求、性格及气质入手,依据外部提供的客观条件和学习途径去主动了解逆商的相关知识,并且要辩证地看待困境与失败,克服逆境行为的不良反应,调整自己的心态,使自己在逆境面前越挫越勇,使自己的人格更趋完善

议一议

话题 1

从课堂教学、技能比武、校园文化等方面谈谈学校培育和弘扬精益求精、专心专注精神的必要性和方法途径，引导同学积极努力地铸梦、追梦、圆梦，追求卓越人生。

话题 2

将生活、学习和工作中常见的细节一一列出,分组讨论,每个小组选派1人上台发言。

细节关注能力测试

议一议

话题 3

职场应关注哪些工作细节？

职场细节关注

写一写

结合自己专业，梳理并写出我的专业技能提升计划。

序号	需要提升的专业技能	采取的措施	时间安排	执行情况
1				
2				
3				
4				
5				

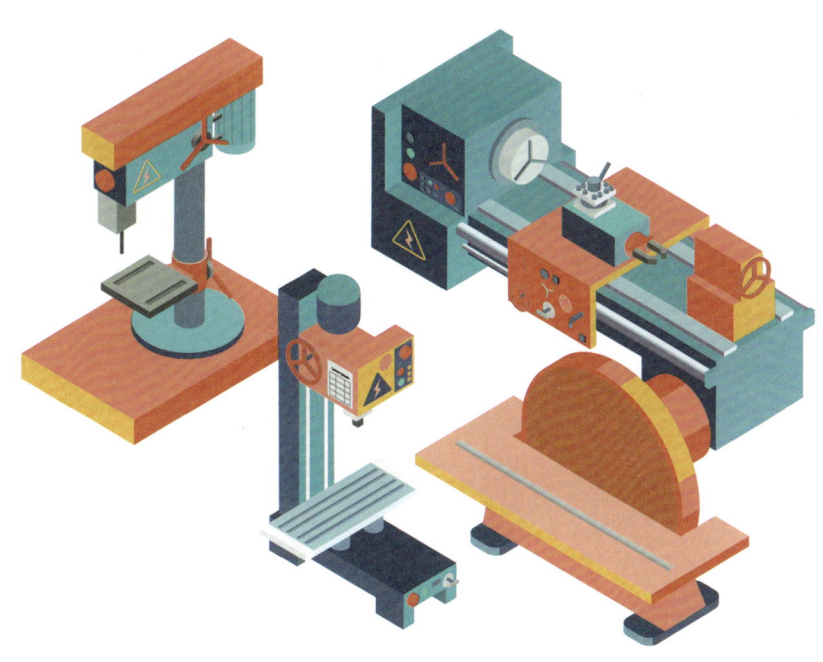

做一做

活动 1

上智联招聘网、前程无忧网,浏览与自己所学专业相关的岗位需求,加深对就业岗位的了解,并撰写本专业岗位需求调研报告,重点针对岗位需求进行调研。

活动 2

以寝室管理为例,厘清不良习惯,列出集体生活中应注意的细节管理,在宿舍推行 6S 管理。

时间	实施目标	实施内容

宿舍 6S 管理

活动 3

一切工作始终都是一个流程,一切技术都是对做事流程的熟练掌握。解决一切问题的方法就是编制程序,深刻见于本质,精通见于流程。工作的过程就是不断学习的过程,不断研究和不断改善的过程。应用掌握万通七步工作流程,大大提高解决问题能力。

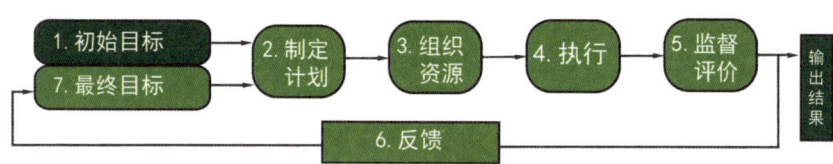

万通七步工作流程

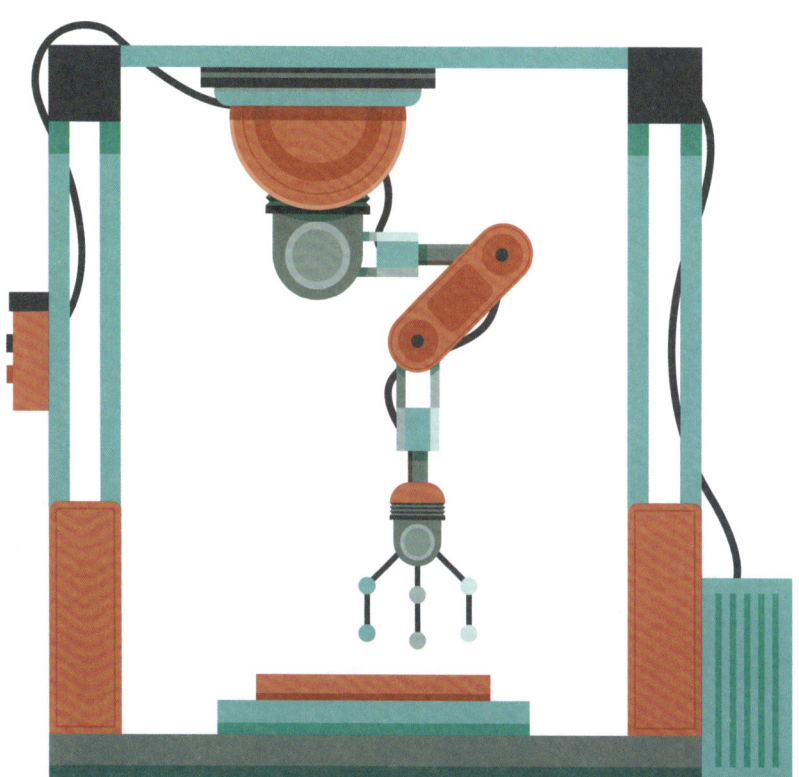

范例：个人自觉修炼工匠精神的七步流程

企业用工匠精神标准教练员工，员工用工匠精神标准修炼自己。精神的修炼主要靠自觉自动，自己修炼、自己证悟，用工匠精神的标准给自己铸型，用工匠的行为能力给自己写史。

信仰工匠精神

让工匠精神成为自己的灵魂（信仰客观规律）。心灵与工匠精神标准相合，行为与工匠精神标准一致。

做修炼计划

每天背一遍或多遍工匠精神标准，每天对自己的行为进行反思和修正。

找资源

选择最理想的榜样，选择志同道合的人一起修炼工匠精神。

执行

自己照样做（模仿标准执行），在日常生活中把工匠精神的品质表现出来。

自我监督

时刻按工匠精神的标准监督自己。

反馈，反思，改进

通过反馈进行反思，并作出改进方案。

执行修正行为的方案

不断地修炼，终生修炼。最终把自己修炼成有道德的、自动自觉、能力强大的人。

做一做

我的活动记录：我的"工匠"成长规划

根据自己所学专业和志向，定位职业目标：_____

_____

_____

_____

_____

_____

对照目标，分析评价自己的职业技能和综合素质，分析优、劣势。

优势：_____

_____

_____

_____

劣势：_____

_____

_____

为实现职业目标，划分几个步骤，采取哪些措施。

步骤一：_____

_____

_____

_____

步骤二：_____

_____

_____

_____

_____

措施一：_____

_____

_____

_____

_____

措施二：_____

_____

_____

_____

_____

评一评

从本质上讲,"工匠精神"是一种职业精神,它是职业道德、职业能力、职业品质的综合体现,是从业者的一种职业价值取向和行为表现。

【要求】以班级为单位,结合专业特点,讨论拟定工匠精神需具备的职业道德、职业能力、职业品质,形成评价表,对照自身,制定改进行动计划,组织月会进行回顾。

一级评价指标	评分比例	发展目标	二级评价指标	评价方式
匠技	30%	知识经验 精湛技能	技能操作速度	学业考核
			技能操作质量	学业考核
			技能掌握数量	学业考核+学生自述
			考试成绩	学业考核
			职业技能鉴定	职业资格证书
			企业绩效	企业评价
			参加比赛	教师鉴定+比赛成绩
匠心	40%	学习能力 解决问题 创新合作 职业智慧	学习态度	教师评价
			工作态度	企业师傅评价
			提出问题	学生自述
			解决问题	学生自述
			创新	教师、师傅评价+学生自述
			沟通表达	教师、师傅评价+学生自述
			团结协作	教师、师傅评价+学生自述
			课外学习	教师、师傅评价+学生自述
			书籍阅读	教师、师傅评价+学生自述
			体育锻炼	教师、师傅评价+学生自述

续表

			榜样示范	教师、师傅评价＋学生自述
匠魂	30%	道德品质 职业操守 敬业奉献 爱国为民	责任担当	教师、师傅评价＋学生自述
			公益活动	教师、师傅评价＋学生自述
			帮助他人	教师、师傅评价＋学生自述
			职业道德	教师、师傅评价＋学生自述

改进与提升成效

评 价 维 度	改进与提升的成效
思想观念	
理论知识	
行为表现	

评一评

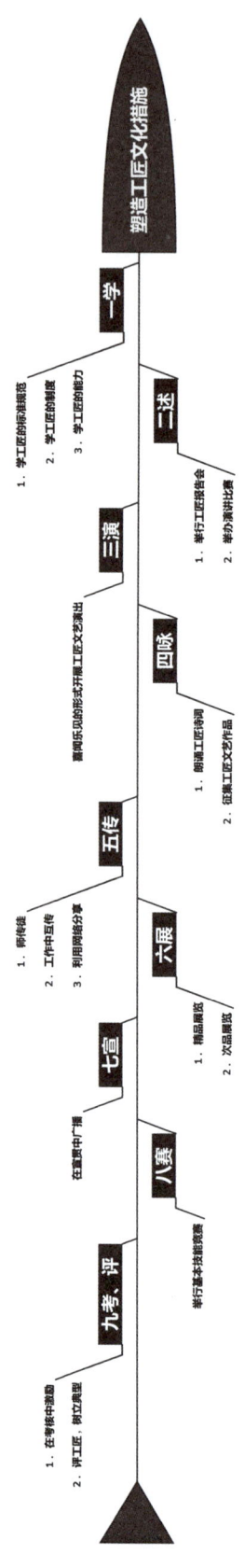

塑造工匠文化措施

我国的职业有哪些

2022年7月,人力资源和社会保障部向社会公示了新修订的《中华人民共和国职业分类大典》。此次大典修订工作是自1999年颁布首部国家职业分类大典以来的第二次全面修订,公示稿以2015年版《中华人民共和国职业分类大典》(以下简称"2015年版大典")为基础,将近年来已发布的新职业纳入其中,保持大类体系不变,增加或取消了部分中类、小类及职业(工种),优化调整了部分归类,修改完善了部分职业信息描述。

据统计,新版大典包括大类8个、中类79个、小类449个、细类(职业)1639个。与2015年版相比,增加了法律事务及辅助人员等4个中类,数字技术、工程技术人员等15个小类,共计新增168个职业,取消10个职业,净增158个职业(含2015年版大典颁布后发布的新职业)。此外,本次修订围绕建设制造强国、数字中国,发展绿色经济和依法治国等要求,专门增设或调整了相关中、小类和细类职业。

职业类别发展小贴士

1999年版《中华人民共和国职业分类大典》把我国职业划分为由大到小、由粗到细的四个层次:大类(8个)、中类(66个)、小类(413个)、细类(1838个)。细类为最小类别,亦即职业。8个大类分别为:第一大类,国家机关、党群组织、企业、事业单位负责人,其中包括5个中类、16个小类、25个细类;第二大类,专业技术人员,其中包括14个中类、115个小类、379个细类;第三大类,办事人员和有关人员,其中包括4个中类、12个小类、45个细类;第四大类,商业、服务业人员,其中包括8个中类、43个小类、147个细类;第五大类,农、林、牧、渔、水利业生产人员,其中包括6个中类、30个小类、121个细类;第六大类,生产、运输设备操作人员及有关人员,

延伸阅读

其中包括27个中类、195个小类、1119个细类；第七大类，军人，其中包括1个中类、1个小类、1个细类；第八大类，不便分类的其他从业人员，其中包括1个中类、1个小类、1个细类。

2015版《中华人民共和国职业分类大典》又从以下四个方面进行了修改、调整和补充。第一，对职业分类体系的修订；第二，对职业信息描述内容的修订；第三，增加绿色职业标识；第四，更新国家标准编码。

2019年4月，人力资源和社会保障部、国家市场监督管理总局、国家统计局正式向社会发布了人工智能工程技术人员、物联网工程技术人员、大数据工程技术人员、云计算工程技术人员、数字化管理师、建筑信息模型技术员、电子竞技运营师、电子竞技员、无人机驾驶员、物联网安装调试员、工业机器人系统操作员等13个新职业信息。这是自2015年版《中华人民共和国职业分类大典》颁布以来发布的首批新职业。

2020年2月，新增网约送配员、人工智能训练师、健康照护师、呼吸治疗师等16个新职业。

2022年7月，新增密码工程技术人员、碳管理工程技术人员、金融科技师、农业数字化技术员和农业经理人、碳排放管理员、碳汇计量评估师等新兴职业。

让工匠精神涵养时代气质

——弘扬工匠精神大家谈

首次写入《政府工作报告》，让"工匠精神"成为名副其实的高频词。那么，工匠精神本身具备怎样的意蕴才能流行起来？它之于当下的改革发展大计又有怎样的特殊意义？以及我们怎样才能在社会层面广泛激发或者深度培育这样一种精神？

"寻找匠心青年"系列报道已先后聚焦 6 位具备工匠精神的年轻人或年轻团队。本期我们特别邀请了 6 位嘉宾，他们或是一身绝活的大国工匠，或是专门研究劳动关系的专家学者，或是经验丰富的工会工作者，一起廓清思想认识，梳理制度文化，探讨如何让工匠精神涵养我们的时代气质。

嘉宾：

全国总工会宣教部部长　王晓峰
全国总工会研究室主任　吕国泉
北京大学经济学院党委书记、教授　董志勇
中国航天科技集团公司直属工会　李梅宇
中国劳动关系学院工会学院教授　乔东
中国航天科技集团公司一院 211 厂特级技师　高凤林

什么是工匠精神？

精益求精　爱岗敬业　持续专注　守正创新

延伸阅读

记者：探讨一个问题，首先要明晰它的内涵和外延，我们注意到，工匠精神广为传播的同时，也存在内涵和外延被无限放大的现象。那么，应该如何定义工匠精神？或者说，工匠精神包含哪些重要质素？

董志勇：我以为，工匠精神可以概括为四个方面：精益求精、持之以恒、爱岗敬业、守正创新。

精益求精是工匠精神最为称赞之处，具备工匠精神的人，对工艺品质有着不懈追求，以严谨的态度，规范地完成好每一道工艺，小到一支钢笔，大到一架飞机，每一个零件、每一道工序、每一次组装。

持之以恒是工匠精神最为动人之处。具备工匠精神的人是向内收敛的，他们隔绝外界纷扰，凭借执着与专注从平凡中脱颖而出。他们甘于为一项技艺的传承和发展奉献毕生才智和精力。

爱岗敬业是工匠精神的力量源泉。"爱岗敬业"是中华民族的传统美德，是一份崇高的精神，"问渠那得清如许？为有源头活水来"，正是爱岗敬业精神激励着一代代工匠匠心筑梦。

守正创新彰显了工匠精神的时代气息。大国工匠们凭借丰富的实践经验和不懈的思考进步，带头实现了一项项工艺革新，牵头完成了一系列重大技术攻坚项目。他们在各自工作岗位上的守正创新正是当今我国时代精神的最好体现。

王晓峰：我的理解，工匠精神的内涵有三个关键词：一是敬业，就是对所从事的职业有一种敬畏之心，视职业为自己的生命；二是精业，就是精通自己所从事的职业，技艺精湛，我们熟知的大国工匠，个个都是身怀绝技的人，在行业细分领域做到国内第一乃至世界第一；三是奉献，就是对所从事的职业有一种担当精神、牺牲精神，耐得住寂寞，守得住清贫，不急功近利、不贪图名利。

敬业反映的是职业精神，是前提；精业反映的是职业水准，是核心；奉献反映的是个人品德，是保障。可以说，新时期的"工匠精神"，是劳模精神、劳动精神的重要体现。"工匠精神"，不仅限于企业生产，而是包括政府机关在内的各行各业，都有一个敬业、精业、奉献的问题。

高凤林：我觉得可以从三个层次来理解工匠精神，思想层面：爱岗敬业、无私奉献；行为层面：开拓创新、持续专注；目标层面：精益求精、追求极致。

不能机械地理解为是手工劳动者应该具备的精神，它其实是以产品为牵引，涵养一种专注精神，让人用心用脑、精益求精，追求卓越的效果或者目标。提倡工匠精神，不仅可以帮我们养成严谨、重视技能、形成专注的习惯，以此生产出更好的产品；还能作用于人本身，让个人在高度工业化和商业化的社会中找到自我认同。

李梅宇：我的体会，工匠精神是一种精神，也是一种品质，一种追求和一种氛围。具体涵义方面，与几位的总结异曲同工，应该包括以下几个精神：爱岗敬业、无私奉献的孺子牛精神，大国工匠无一例外是干一行爱一行的爱岗乐岗者。善于学习、勤于攻关的金刚钻精神，大国工匠都是爱学习善学习的，是持续改善、勇于创新的推动者。专心专注、精益求精的鲁班精神，是努力把品质从99%提升到99.99%的精神。百折不挠、坚忍不拔的苦行僧精神，大国工匠都是不怕苦不怕难、甘于寂寞、锲而不舍，永远在路上的修行者。传承技术、传播技能的园丁精神，大国工匠都是率先示范、用劳模精神和精湛技能感召人、教育人的典范。打造品牌、追求卓越的弄潮精神，大国工匠守规矩、重规则，也重细节，不投机取巧，都是追求卓越的完美主义者。

为什么弘扬工匠精神？

发展新理念　劳动新风尚　制造业升级

延伸阅读

记者：从传播学角度讲，一个词语的风行，一定是契合了某种社会需求。工匠精神成为高频词，引起如此持续的关注，背后的原因是什么？决策层当下倡导工匠精神有什么样的考量？

吕国泉：工匠精神之所以引发强大共鸣，确实是契合了现实需要。它首先是贯彻发展新理念、树立崇尚劳动新风尚的内在要求。培育和弘扬工匠精神，显然有利于将创新、协调、绿色、开放、共享的发展新理念落实落细，同时也将进一步激发广大劳动者的劳动热情，通过诚实劳动来实现人生的梦想，展示自己的人生价值，推动形成良好的社会风尚。

工匠精神是践行社会主义核心价值观，弘扬劳模精神、劳动精神的具体实践。核心价值观个人层面的"敬业"和"诚信"，与工匠精神蕴含的职业理念和价值取向高度一致；同时，工匠精神也是对劳模精神、劳动精神的重要深化和提升，是我们党有关劳动和劳动者理念的重要发展，体现了马克思主义尊重简单劳动、重视复杂劳动的价值导向。

工匠精神还是推进供给侧结构性改革，实现从制造大国向制造强国转变的重要推手，也是提高职工就业创业能力，实现全面发展的重要动力，是引导广大职工立足本职岗位劳动创造，切实提升技术技能素质，不断发展工人阶级先进性的有力抓手。

董志勇：弘扬大国工匠精神能够有力推动我国由制造业大国向制造业强国的跃升。我们已成为世界第一制造业大国，但我们也应清醒地认识到，在一国产业发展需要经历的农业输出、低端制造、中高端制造、创新科技中心的四个阶段中，我们仍停留在第二个阶段。我们亟须实现由制造业大国向制造业强国的跃升，而绝离不开大国工匠精神的坚实支撑。如果把提高科技创新水平、强化工业基础能力、提升信息化与工业化融合水平等视为我国制造业转型升级的"硬件"，那么，一大批产业劳动者身上的大国工匠精神则是必不可少的"软件"，缺少软件支撑的硬件，犹如断弦之弓，发挥不出任何价值。任何科学技术的发展都不能取代劳动者的双手，从制造业大国迈向制造业强国的过程中，需要一大批具备工匠精神的劳动者挥洒热血，他们才是真正的筑梦人。

乔东：中国掌握焊接技术的工匠不计其数，能够达到高凤林的技术水平的工匠也并不少见，但是能够对自己的产品达到"精心雕琢"甚至像"金娃娃"一样用心呵护的工匠却凤毛麟角。所以，我认为，如高凤林一样的大国工匠，他们创造的与其说是技术传奇，不如说是人生传奇和精神传奇。他们有着自己明确的精神价值追求和较高的人生境界，既不满足于一时的成事，也不满足于世俗的所谓成功，而是用生命演绎传奇，体现自己的人生价值，追求自己的人生梦想。

所以提"工匠精神"，重点在"精神"二字。当下，对物质利益的追求在很多时候遮蔽了人们对精神价值特别是超越性价值的追求。这也不可避免影响工匠群体，很多人更重视能够为自己带来经济利益的业务技能，而忽视甚至丧失了独立思考的能力和更高的价值追求。有些产品我们做不出来，恰恰是因为缺乏用心钻研、勇攀高峰的工匠；有些产品我们做出来却没有竞争力，也正是因为缺乏把工作当责任和使命的工匠。用"心"才会创新，使命感才会赢得市场的信任。我想这就是提倡工匠精神的意义所在。

怎样弘扬工匠精神？

市场环境　激励制度　文化氛围　教育培训

记者：培育一种精神，让它落到实处，成为普遍的追求，本身就是慢工细活，需要从根本的制度和文化入手，各位对此有何高见？

董志勇：培育工匠精神，最重要的一点是营造良好的市场环境，包括毫不动摇地坚持高度尊重劳动的市场经济体制和建立健全对各类所有制经济一视同仁的人才激励制度。

延伸阅读

这些年来,我们对于劳动的尊重与激励,远没有跟上我国市场经济的改革步伐。市场经济环境下,对企业家的评判标准和相应的激励机制,全社会已形成高度共识。优秀的工人或者叫工匠,他们完成别人不想做、不敢做却十分重要的工作;凝聚起一个富有激情和活力的生产团队;在创新中改进工艺流程,极大提升了生产效率,增加了企业利润。这无可争议地揭示,一位优秀的工匠就是一位合格的企业家。建立一系列能够充分表现对优秀工匠劳动及其杰出贡献高度尊重的制度,成为迫切需要。

另外,弘扬工匠精神要求人才激励制度对各类所有制经济一视同仁。只要是具备工匠精神的劳动者,无论其供职于何种所有制性质的企业单位,都应给予相应的激励和支持。同时,进一步充分发挥市场在资源配置中的主体地位,鼓励大国工匠在企业间自由流动,促进公有制经济与非公有制经济协调发展,进而全面激发我国制造业的生命力和创造力。

王晓峰:工匠精神的养成,必须有与之相适应的良好社会文化氛围。应做好"四个崇尚"。首先是崇尚劳动,尊重生产一线劳动者的劳动,现阶段工匠精神缺失,同存在轻视甚至鄙视生产一线劳动者的现象有密切关系;其次是崇尚技能,关键是要让技能人才有地位、有较高的收入、有发展的通道;三是崇尚创造,真正的"工匠精神",应该是富有强烈的创新和创造精神的;四是崇尚"十年磨一剑"的理念,高品质的产品和高水准的服务,是要靠时间来精心打磨的,反观我们现有的制度与政策安排和评价体系,有不少都是引导人们急功近利的,追求"短平快",催促人们早出成果、多出成果,重数量、轻质量。

这就牵涉到制度建设的问题,人是制度的产物,不同的制度安排会对一个人产生不同的激励,从而使其产生不同的行为反应。比如20世纪五六十年代,我国工人中实行八级工资制,八级工的待遇可以达到工程师甚至更高水平。那时工厂的八级工,是企业的"牛人",人们眼中的"能人",其经济、社会地位之高，让崇尚劳动、崇尚技能人才体现得实实在在、淋漓尽致。因此，建议国家有关部门应从"工匠精神"养成的需要来审视我国现有的有关制度。摒弃清理一批过时的制度，建立完善一批新制度。

高凤林：我注意到一种现象，我们在宣传大国工匠和工匠精神的过程中，已经出现了一些浮躁现象。比如出现在媒体上的22岁特级技师，学校里的"大国工匠"，等等。大国工匠是标杆、旗帜，他只可能在实践中千锤百炼出来。我们常说技能人员发展四段论：一是通过艰苦的基础训练，能干好；二是通过分析理解，知道为什么能干好；三是经过科学的逻辑思维，能说出来；四是通过广泛的求证，变成普遍规律写出来，不到第四阶段，真不能随便称"大国工匠"。

在媒介报道中还应注意，工匠精神显然不是工人独有的精神，它应该是全民族的精神；注意推出一些具有丰富内涵的高端典型，突出一些能够提供方法加技巧的解决方案的人物，这也是"中国智造"的核心；要注意多层次宣传工匠的成长之路，让大家看得见、摸得到，事物都是有一个发展过程，优秀的工匠也一样。

吕国泉：培育工匠精神，要根据职业技能、职业素养、职业理念不同层次的要求，有针对性地培育和塑造。首先要通过加大职业培训力度、开展现代学徒制试点、深化"金蓝领工程"等工作抓手，夯实产生工匠精神的人力基础；其次通过制度顶层设计，转变"重装备、轻技工，重学历、轻能力，重理论、轻操作"的观念，形成培育工匠精神的保障机制；再次，工匠精神是一种深层次的文化形态，需要在长期的价值激励中逐渐形成，通过文化再造、源头培育、社会滋养，发展先进企业文化和职工文化，使工匠精神成为引领社会风尚的风向标。

资料来源：《人民日报》（2016年06月21日20版）

延伸阅读

游弋：从"矿工精神"到新时代工匠精神

游弋，河南龙宇能源股份有限公司车集煤矿矿井维修电工，高级技师，第十三届全国人大代表，曾获得全国劳动模范、全国技术能手、全国五一劳动奖章、全国煤炭行业技能大师、全国职工职业道德标兵个人等荣誉称号，第十四届中华技能大奖获得者，国家级技能大师工作室带头人，享受国务院政府特殊津贴。

每当有人谈起"矿工精神"，许多人会不由自主地竖起拇指。奉献、敬业、特别能吃苦、特别能战斗等词汇，成了形容"矿工精神"必不可少的代名词。游弋从事煤矿工作20余年来，始终扎根生产一线，不断深化和发展煤矿工人特别能战斗的精神内涵，潜心钻研，致力创新，围绕矿井减人提效和安全生产，在矿井提升系统改造和煤矿专用工具设计等方面，先后获得多项国家专利，完成创新成果百余项，部分成果填补国内空白。

参加工作之初，面对企业主井成套设备从德国进口，说明书均为英文和德文的情况，游弋虚心请教、刻苦钻研，努力提升技能，利用半年的时间吃透了上百张外文电路图纸，成为企业第一个玩转洋设备的"土专家"。

2005年，主井提升电机转子磁极绕组之间的叠片式连接装置频繁开裂，严重影响正常生产。游弋大胆提出用铜编织线软连接对德国原装叠片式连接装置进行改造的想法，并主动承担改造任务。连接装置经技术改造后，在长达13年的运行中再未出现任何故障，至今运行状态良好。

2016年，主井进口交流同步电机磁极绕组需要更换，磁极绕组质量大，与磁极座配合精密，磁极绕组拆装是一项复杂而又细致的工作。以往拆装磁极绕组时，是靠人工借助于起重机和手拉葫芦相配合的方式进行，不但耗时费力，而且因作业空间狭小，稍有不慎，就会发生磁极绕组损坏甚至造成人身伤害事故。为彻底解决这一难题，游弋自我加压，独立设计出一套拆装专用工具，将推拉磁极绕组的移动精度控制在了毫米以内，施工人员由 20 人减少到 6 人，时间由 10 个小时拆装一个减少到 4.5 小时拆装 2 个，拆装效率提高 10 倍以上，并且彻底消除了拆装过程中潜在的安全隐患，保证了拆装安全。

游弋立足岗位需求，把企业安全生产的难点、提质增效的重点、节支增收的关键点，作为技术创新的出发点、着力点和落脚点，扎实开展创新创效，先后完成了永磁开关故障全自动诊断和切换技术、新型皮带跑偏开关、近距离爆破防护装置、主井装载站装煤系统技术改造等重大应用型创新项目，解决了一个个制约企业安全生产的难题，为企业创造了巨大的经济效益。仅永磁开关故障全自动诊断和切换技术应用一项，使系统能够在 10 秒内发现故障并自动切换，实现提升系统持续全自动运行，每年增收就达 200 余万元。

近年来，游弋带领自己的团队徜徉于"提效"领域，先后对矿井装卸与卸载系统共计 12 个技术关键点进行改造，实现了无人值守作业，每年节约人工成本及维修费用 150 余万元。

一个普通的煤矿工人到煤矿"土专家"，再到国家级技能大师工作室带头人，游弋继承了"矿工精神"，发展为新时代工匠精神。他的人生之路伴随着工匠精神的实践越走越宽，值得每一个人深思、学习。

延伸阅读

"机电大王"杨杰:学历不是成功的障碍

杨杰是淮北矿业集团朔里矿业公司机电科职工,先后荣获全国劳动模范、全国五一劳动奖章、国家级技能大师、中国高技能人才楷模、全国自学成才十佳标兵等荣誉称号,享受国务院政府特殊津贴。

只有初中学历的他自学完成了高中所有课程,又通过函授读完本科,由一名普通工人成长为一名高级技师,发明了"数字化需求动态检修法",成了远近闻名的"机电大王"。以他名字命名的"杨杰讲堂",是首批国家级技能大师工作室,国内煤炭系统首家以普通工人名字命名的数字化实训基地。

1984年,17岁的杨杰来到淮北矿区当了一名副井绞车司机。绞车房在煤矿来说是既干净又舒服的岗位,但杨杰却清楚地意识到,这个看似舒服的岗位十分重要。为此,他有了一份强烈的责任感,决心成为一名优秀的绞车司机。他给自己确定的奋斗目标是:不仅要熟练掌握操作技术,还必须熟知设备结构、工作原理和技术性能。然而,当面对"天书"般的设备结构、工作原理图时,只有初中文化的他呆住了,以前学的那点知识太贫乏了。但他没有就此退缩,而是给自己制订了详细的提升计划。

为了学习,他忍受住了寂寞、诱惑和朋友们的不理解。每天下班后,当别人打牌、下棋、看电视的时候,他却一头扎进书堆里。凭着坚强的毅力,他学完了高中的所有课程和数十本矿井提升方面的专业书籍,记下了数百个电子元件符号和电路图,同时写下了60多万字的读书笔记,为自己以后的工作和学习打下了坚实的基础。上班时间,他认真观察,主动向师傅、工程技术人员请教,把他们的一招一式熟记在心;每当遇到检修任务,他虽然不是检修工却忙前忙后地跟着看、帮着干,不计时间和报酬,同事们都亲切地称呼他为"编外检修工"。

一个冰天雪地的冬日，杨杰遇到了一个"拦路虎"——提升机闭环控制部分的电控原理图的闭环控制部分看不懂，周围的师傅也爱莫能助。一向喜欢"打破砂锅问到底"的杨杰下班回到宿舍，一口气找了十几本书，顾不上休息，也顾不上吃饭，拿起书一看就是五六个小时，直至室友鼾声响起，他才发现已是深夜。但是，他并没有就此放弃，他端来一盆水，准备洗完脚坐在被窝里继续看，可当他一只脚踏进盆里，另一只脚还在盆外时，就被《自动控制原理》中的"闭环控制"理论吸引住了，不由得看了这本，又想看那本，直到被上早班的闹铃声打断，他才发现自己的一只脚还在水里泡着，另一只脚早已冻得没有了知觉。天亮后，解开了疑团的他，仅用了不到半小时的时间，就把整个电控图默画了出来。

参加工作仅两年的杨杰，在全局第一届职工技术比武中就夺得了绞车司机工种的第一名，这更加增强了他的自信。1990年，在全局第二届技术比武中，他又以优异的成绩蝉联了绞车司机工种的冠军。同年，他还参加了全国第一届青年职工技术大比武，并以全国第六名的成绩被共青团中央、中煤总公司授予"全国煤炭系统青年技术能手"光荣称号。

在读函授期间，他倍加珍惜难得的学习机会，更加刻苦钻研技术，努力把理论知识运用到实际工作中去，并把自己在工作中遇到的难题记录下来，当面向老师请教，从而使自己的业务越来越精。

1992年2月的一天，朔里煤矿主井电控系统发生了故障，被迫停机。主井每停一小时，就意味着企业要损失15.6万元，可在场的技术人员检查了一个多小时，也没找出原因。现场的领导很着急，便把已经下班的杨杰找了回来。杨杰赶到现场了解情况后，开始对深度指示器进行检查。经过一番周密细致的分析，他判断故障是减速打铃造成的。然而，他的判断让在场的所有工程技术人员都不敢相信，因为打铃与安全回路没有任何联系。但杨杰坚持自己

延伸阅读

的判断。果然,经过认真检查发现,当减速打铃时,打铃的振动使已有缺陷的开关误动作,造成安全回路失电。不到十分钟,故障就被排除了。

在实际工作中,杨杰每次排除故障后,都会及时总结经验,对设备名称和故障发生时间、现象、部位、原因,以及损坏的电器元件、修复措施以及修复后的运行情况等,都一一做好记录。通过对故障进行统计分析,总结出一套快速排查的方法,杨杰也因此被同事们誉为"故障快速探测仪"。

朔里矿是一个原设计年产量60万吨的矿井。1994年,朔里矿提出了生产原煤185万吨的奋斗目标。为了实现这一目标,减少主井提煤系统故障的发生,杨杰和同事们一头扎进技术攻关中,吃住在单位。经过近3个月的攻关,他归纳总结了"矿井提升系统常见故障排除100例"并创立了"矿井提升系统故障查排多维思维法"等6种故障快速处理法。当这些先进操作法得以应用时,夜以继日攻关的杨杰整整瘦了8斤。可喜的是,"多维思维法"的推广应用,使故障查排时间缩短了30%左右,每年可增加产量1万多吨,当年就创造了提煤195万吨的历史最高纪录,填补了全国煤炭系统这一操作方法的空白。此后,杨杰又创立了提升设备"数字化需求动态检修法",使主井提谋系统的故障率几乎降为零,填补了煤炭行业提升设备相关检修方法的空白。经专家鉴定,该检修法已达到世界先进水平,仅在本集团公司推广应用后,就创造经济效益2000多万元,也为朔里煤矿连续12年保持"部级高产高效矿井"打下了坚实基础。

第四单元 弘毅宽厚

师生可以从 www.wsbookshow.com 网站查找本书,下载"弘毅宽厚"系列的主题班会 PPT 模板、毕业答辩 PPT 模板等。

读一读

弘是含弘光大，大也。毅是宽宏坚毅，刚强。弘毅谓抱负远大，意志坚强。

取自《论语·泰伯》："士不可以不弘毅，任重而道远。"朱熹集注："弘，宽广也；毅，强忍也。非弘不能胜其重，非毅无以致其远。"

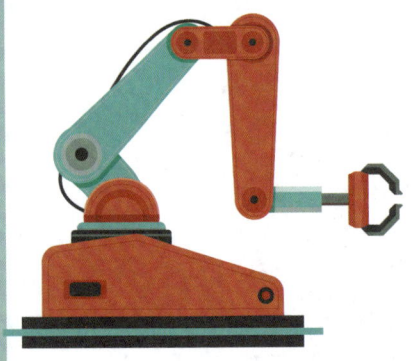

学习方法

读一读

阅读教材和观看视频，正确理解弘毅宽厚的含义。

议一议

小组讨论的方式结合教师讲授知识点，加深对弘毅宽厚的认识。

写一写

把对知识点的理解外化，形成正确的价值遵循。

做一做

结合实际，即学即用，实现自我提升、自我感悟。

我们的目标

正确理解校训**弘毅的含义**，

掌握**弘毅素养的核心要素**，提高和增强学生的**意志品质**，

形成**宽宏大度品德、持之以恒的**良好个人品格，

促进**学校精神文明建设**。

在校学习期间和未来工作中，

秉承我校弘毅传统，

充分认识到国家的前途，民族的命运，人民的幸福，

是当代中国青年必须和必将承担的重任。

树立弘毅抱负，牢记弘毅志向，笃行弘毅作风。

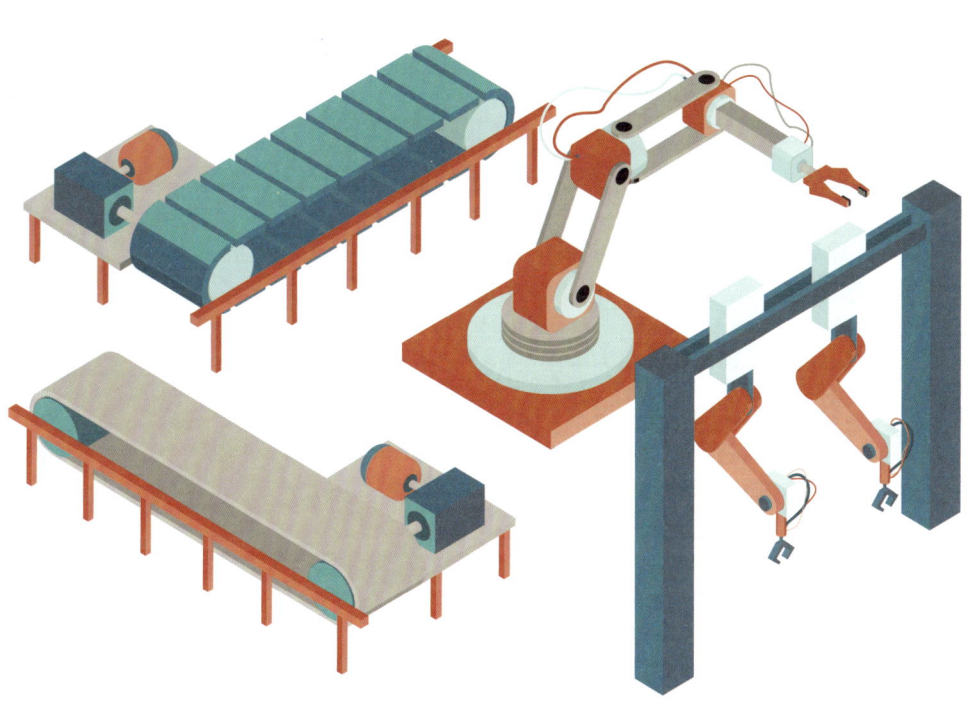

读一读

1 习语金句

　　青年是整个社会力量中最积极、最有生气的力量，国家的希望在青年，民族的未来在青年。今天，新时代中国青年处在中华民族发展的最好时期，既面临着难得的建功立业的人生际遇，也面临着"天将降大任于斯人"的时代使命。新时代中国青年要继续发扬五四精神，以实现中华民族伟大复兴为己任，不辜负党的期望、人民期待、民族重托，不辜负我们这个伟大时代。

——习近平在纪念五四运动 100 周年大会上的讲话

（2019 年 4 月 30 日）

　　这场抗击新冠肺炎疫情的严峻斗争，让你们这届高校毕业生经受了磨练、收获了成长，也使你们切身体会到了"志不求易者成，事不避难者进"的道理。前进的道路从不会一帆风顺，实现中华民族伟大复兴的中国梦需要一代一代青年矢志奋斗。同学们生逢其时、肩负重任。希望全国广大高校毕业生志存高远、脚踏实地，不畏艰难险阻，勇担时代使命，把个人的理想追求融入党和国家事业之中，为党、为祖国、为人民多作贡献。

——习近平给中国石油大学（北京）克拉玛依校区毕业生的回信

（2020 年 7 月 7 日）

> 　　未来属于青年，希望寄予青年。一百年前，一群新青年高举马克思主义思想火炬，在风雨如晦的中国苦苦探寻民族复兴的前途。一百年来，在中国共产党的旗帜下，一代代中国青年把青春奋斗融入党和人民事业，成为实现中华民族伟大复兴的先锋力量。新时代的中国青年要以实现中华民族伟大复兴为己任，增强做中国人的志气、骨气、底气，不负时代，不负韶华，不负党和人民的殷切期望！
>
> ——习近平在庆祝中国共产党成立100周年大会上的讲话
> （2021年7月1日）

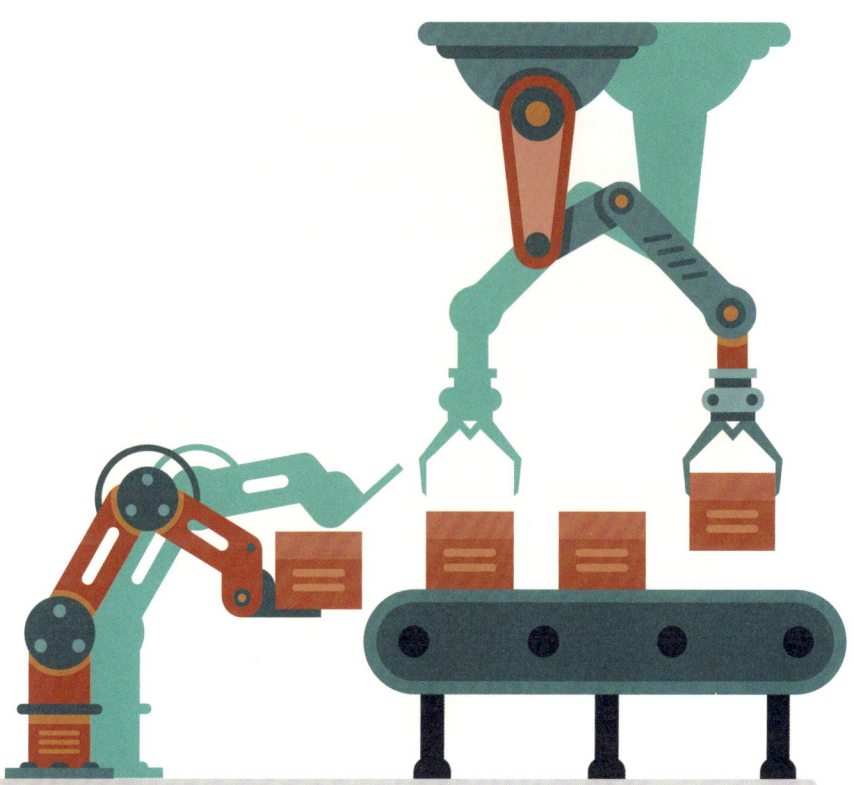

读一读

② 榜样引领

"冀以尘雾之微补益山海，萤烛末光曾辉日月"

作为第一代攻击型核潜艇和战略导弹核潜艇总设计师，黄旭华仿佛将"惊涛骇浪"的功勋"深潜"在人生的大海之中。

黄旭华：中国核潜艇之父，舰船设计专家、核潜艇研究设计专家。1924年2月24日出生于广东省海丰县。1949年毕业于国立交通大学船舶制造专业。1949年加入中国共产党。1994年当选为中国工程院院士。

黄旭华长期从事核潜艇研制工作，开拓了中国核潜艇的研制领域，是中国第一代核动力潜艇研制创始人之一，被誉为"中国核潜艇之父"，为中国核潜艇事业的发展作出了杰出贡献。

1958年,我国批准核潜艇工程立项。那时中苏关系尚处于蜜月期,依靠苏联提供部分技术资料,是当初考虑的措施之一。1959年,苏联提出中断对中国若干重要项目的援助,对中国施加压力。国家决定,自力更生,建造核潜艇。曾有过几年仿制苏式常规潜艇经历又毕业于国立交通大学造船系的黄旭华被选中参研。

读一读

30多年中，8个兄弟姐妹都不知道黄旭华搞核潜艇，父亲临终时也不知他是干什么的，母亲从63岁盼到93岁才见到儿子一面。

核潜艇是集核电站、导弹发射场和海底城市于一体的尖端工程。中国的核潜艇研制工作是从一个核潜艇玩具模型一步一步开始的。为研制核潜艇，新婚不久的黄旭华告别妻子来到试验基地。后来他把家安在了小岛上。为了艇上千万台设备，上百公里长的电缆、管道，他要联络全国24个省市的2000多家科研单位，工程复杂。那时没有计算机，他和同事用算盘和计算尺演算出成千上万个数据。1964年，黄旭华终于带领团队研制出我国第一艘核潜艇，使中国成为世界上第五个拥有核潜艇的国家。

1988年，核潜艇按设计极限在南海作深潜试验。黄旭华亲自下潜300米，是世界上核潜艇总设计师亲自下水做深潜试验的第一人。

黄旭华曾先后多次获得"国家科学技术进步奖"特等奖、全国科学大会奖等，为国防事业，为我国核潜艇事业的发展作出了重要贡献。

对此，感动中国委员会的颁奖词说："时代到处是惊涛骇浪，你埋下头，甘心做沉默的砥柱；一穷二白的年代，你挺起胸，成为国家最大的财富。你的人生，正如深海中的潜艇，无声，但有无穷的力量。"

弘毅故事 1：

南仁东，一颗耀眼的星

弘毅故事 2：

海归战略科学家黄大年

读一读

3 经典传承

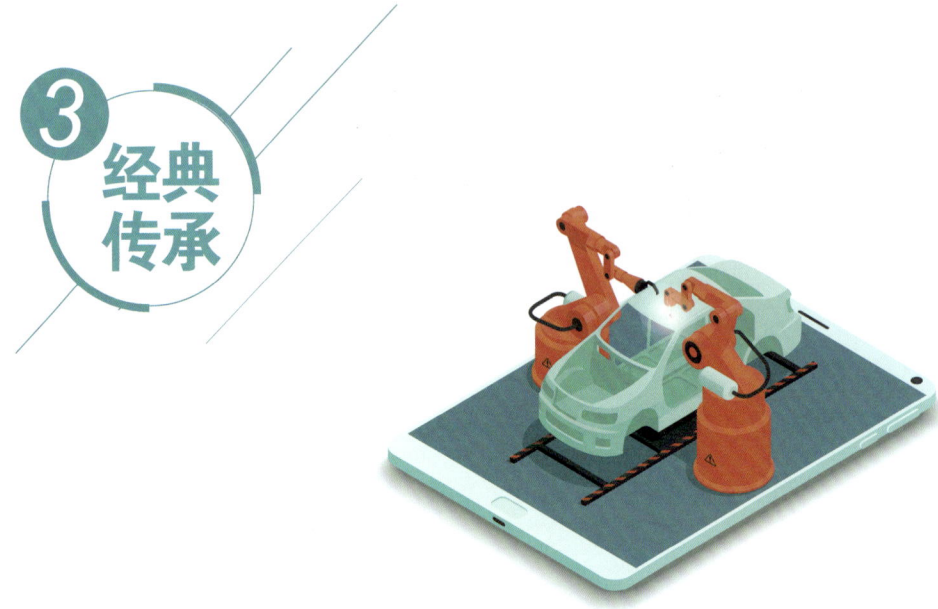

> "志不求易者成，事不避难者进。"
——习近平给中国石油大学（北京）克拉玛依校区毕业生的回信（2020年7月7日）

典故

　　故旧皆吊诩曰："得朝歌何衰，"诩笑曰："志不求易，事不避难，臣之职也。

——《后汉书·虞诩传》

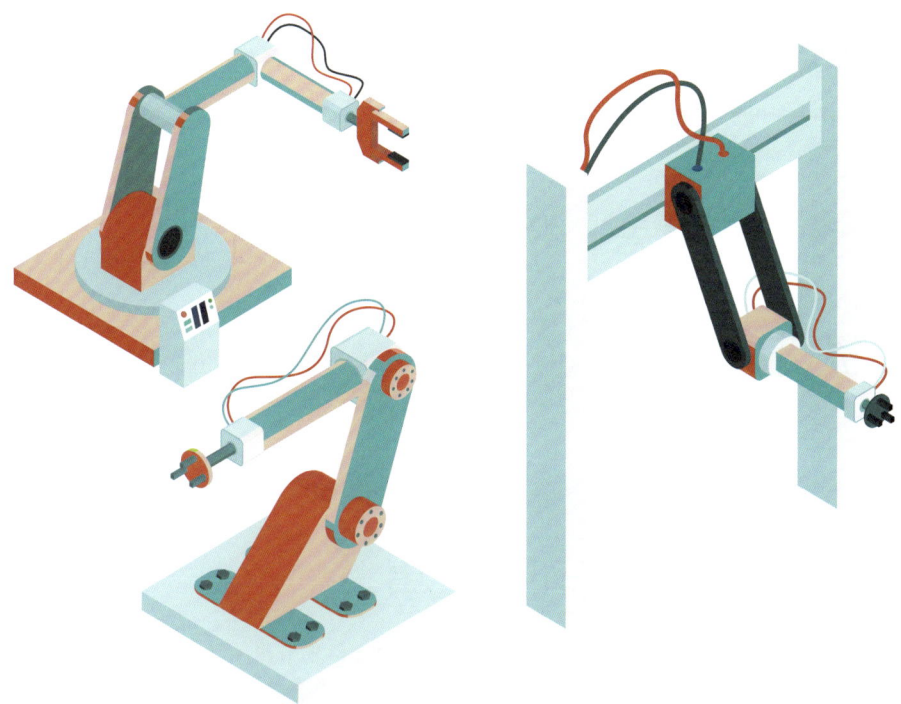

释义

"志不求易者成,事不避难者进"源自《后汉书·虞诩传》,原句"志不求易,事不避难",说的是立志不贪求容易实现的目标,行事不躲避风险困难。

解读

2020年7月7日,习近平总书记给中国石油大学(北京)克拉玛依校区毕业生回信,充分肯定他们到边疆基层工作的选择,并用"志不求易者成,事不避难者进"寄望全国广大高校学子志存高远、脚踏实地,不畏艰难险阻,勇担时代使命,把个人的理想追求融入党和国家事业之中,为党、为祖国、为人民多作贡献。

读一读

> 古之立大事者,不惟有超世之才,亦必有坚忍不拔之志。

> 志不立,天下无可成之事。

——习近平在北京大学师生座谈会上的讲话中引用(2018年5月2日)

典故

"古之立大事者,不惟有超世之才,亦必有坚忍不拔之志。"

——【北宋】苏轼《晁错论》

"志不立,天下无可成之事。虽百工技艺,未有不本于志者。今学者旷废隳惰,玩岁愒时,而百无所成,皆由于志之未立耳。"

——【明】王守仁《教条示龙场诸生·立志》

释义

自古以来，建立功勋，做成大事的人，都不仅有超越世人的才能，也一定有坚韧不拔的志气和志向。

不树立志向，天下就没有能够成功的事。即使是各种工匠技艺，也都要基于一定的志向、毅力才能学成。如今的学者懈怠懒惰，终年虚度，荒废时日，无所成就，都是因为未能立志的缘故。

解读

在苏轼和王阳明看来，立志是事业取得成功的第一要义。无论是成大业的天才还是精细节的工匠，都需要立志而后才能有所成就。立志是信念、是理想、是发心、是目标，是一个人毅力和勇气的体现，在人生的道路上，只有不断砥砺奋进、艰苦奋斗，才能最终取得成功。习近平总书记告诫青年学子要立志，立鸿鹄志，做奋斗者。要培养奋斗精神，做到理想坚定，信念执着，不怕困难，勇于开拓，顽强拼搏，永不气馁，才能追求到自己想要的幸福生活。而国家的富强与民族的复兴，也正是由于每个人的拼搏奋斗才能变为现实。新时代是充满机遇的时代，是值得奋斗的时代，"每个青年都应该珍惜这个伟大时代，做新时代的奋斗者。"

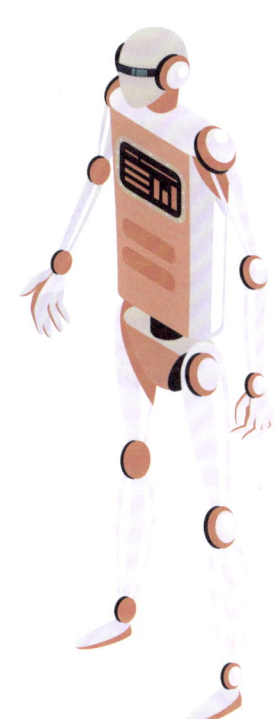

读一读

弘是含弘光大，大也。毅是宽宏坚毅，刚强。弘毅谓抱负远大，意志坚强。

清代恽敬在《上举主陈笠帆先生书》中写道："若夫文之坚毅者必能断，文之精辩者必能谋。"技术人才必有"咬定青山不放松，立根原在破岩中"的坚毅精神。才能搏击时代浪潮，勇担历史责任。

一、弘毅宽厚的内涵

弘毅精神是儒家思想乃至民族精神不可忽视的闪光点，它表现出大无畏的仁爱精神、坚定的信念和强烈的社会责任感，激励和肯定了一代又一代仁人志士。本节在曾子所说的基础上，配合大家的思想对其内涵进行总结分析。结合历史与现实，弘扬建设中国特色社会主义的精神。

《论语》中所说的"士"是封建社会中具有一定社会身份和地位的特殊阶层，是四民之首（四民，即士、农、工、商）。宋代以后，士逐渐成为一般读书人的泛称。但春秋以前，士只是一个等级（即周王、诸侯、卿、大夫、士的等级序列）的名称，具有相对的稳定性。到了战国时期，士虽然仍具有等级特征，但逐渐演变成社会上的一个阶层。战国时期，争霸兼并战争频仍，列国多以得士为荣。在儒家经典中"士"多次被提及，如《论语》中，孔门弟子子贡、子路都问过"何如斯可谓之士矣"这个问题。孔子在回答子贡的提问时将"行己有耻，使于四方，不辱君命，可谓士矣"作为士的最高标准，对于子路，则以"切切偲偲，怡怡如也，可谓士矣"对其予以勉励。作为孔门弟子，儒家思想最得力的继承人与传播者，曾子提出的为士标准最为后人称道，即"士不可以不弘毅，任重而道远。仁义为己任，不亦重乎？死而后已，不亦远乎？"。可见，在儒家眼里，士是理想人格的典型楷模与儒家社会理想的坚定执行者。

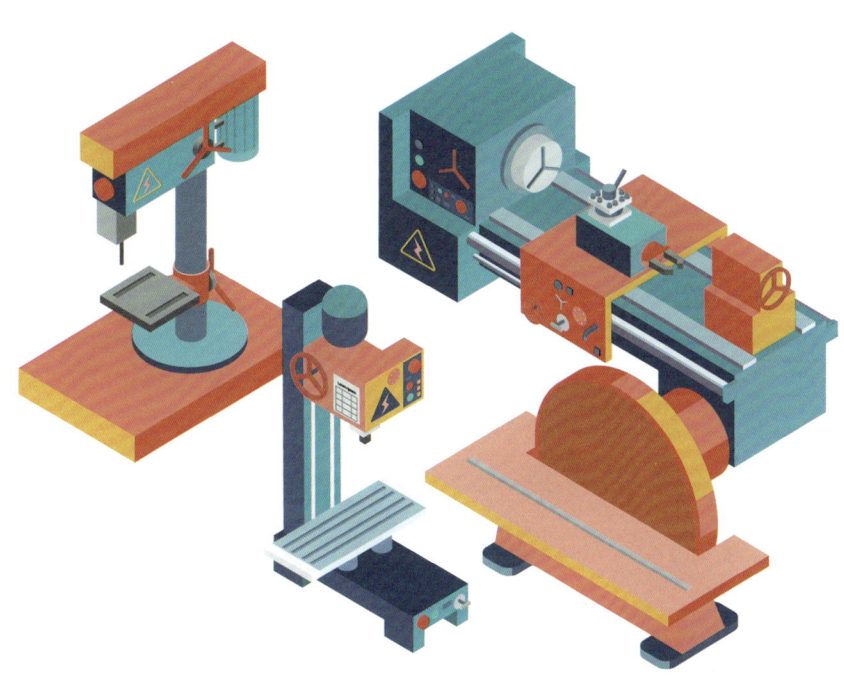

读一读

曾子认为，要想成为士，必须具有两种涵养，即"弘"和"毅"。关于这两个字的解释，朱熹在《四书章句集注》中说："弘，宽广也。毅，强忍也。"朱熹又在《朱子语类》中说："所谓'弘'者，不但是放令公平宽大，容受得人，须是容受得许多众理。若执著一见，便自以为是，他说更入不得，便是滞于一隅，如何得弘？须是容受轧捺得众理，方得。""毅是立脚处坚忍强厉，担负得去底意。"

这就是说，作为士人，应该心胸宽广，有容人之量，更有容物之量；不偏执己见，不自以为是，目光远大，见识高超。这是弘的含义。但仅是这样还不行，还应该坚毅、果敢并具有超强的忍耐力，即苏轼在《晁错论》中所谓："古之立大事者，不惟有超世之才，亦必有坚忍不拔之志。"

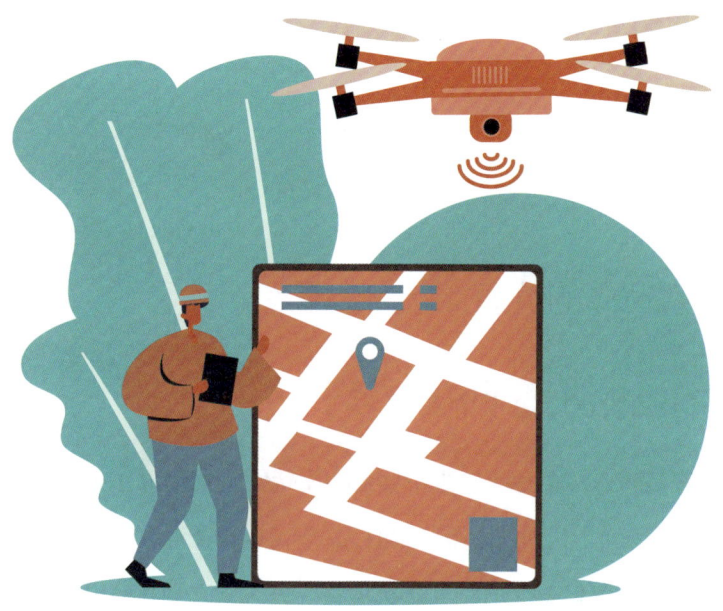

  "弘"与"毅"两者不能偏颇，相互统一，缺一不可。朱熹谓之"非弘不能胜其重，非毅无以致其远"，且引程子的话解释道："弘而不毅，则无规矩而难立；毅而不弘，则隘陋而无以居之。"

  "士不可以不弘毅"，在古代，作为知识分子的"士"的群体，担当着家国建设、弘扬仁义的重任。他们地位财富并不显赫，但重要的是他们拥有着为人称颂的品格与才能。古代学术流派驳杂，因而产生了许多不同的人格形象，儒家养文士而以仁义治天下，墨家出侠士而兼爱于天下，法家培谋士而法术势统天下，道家有隐士而超脱闻天下，同是代表着充满精神力量的光辉人格。而如今，经济社会蓬勃发展，文化建设迫在眉睫的时代，"弘毅"精神更是显得尤为重要。

  今天的青年，将是明日的栋梁；青年的品性，展现的将是中华的风采，背负着建设祖国的重任。

读一读

二、弘毅宽厚的价值

（一）弘毅宽厚之于个人

墨子在《修身》中说："志不强者智不达。"主张强化人的意志，是一个人成才的必备条件，认为意志不坚定的人，学习也不会精进，智力也就不能增强。对于个人，今天我们奋斗的目标是实现中华民族伟大复兴的中国梦。立下这样宏大的志向，把青春融汇到党和人民的壮丽事业中，我们就能登高望远、胸怀开阔，激发起用之不竭的动力。而没有远大的理想抱负，只看到鼻子尖底的那点事，整天陷在患得患失的盘算之中，就会心胸狭隘、目光短浅，像失群的孤雁，找不到归属感，最终难免迷失方向，成为时代的落伍者。

（二）弘毅宽厚之于国家

对于国家，今日之中国，正处在世界新一轮科技革命和产业变革时期，是我国转变发展方式的历史性交汇期，既面临着千载难逢的历史机遇，又面临着差距拉大的严峻挑战。"士不可以不弘毅，任重而道远"这种精神，体现的是情系家国、甘于奉献的大气。它是老一代科学家"心有大我、至诚报国"，铸就"两弹一星"传奇的优秀品质，是新一代科学家为推动科技进步，构建人类命运共同体贡献中国智慧的大抱负。这种精神，体现的是百折不挠、直面挑战的锐气。"红军不怕远征难，万水千山只等闲"，走好建设科技强国、实现民族复兴这条新时代的长征路，同样需要不畏挫折、敢于试错的韧劲，需要集智攻关、协同作战的团结，需要闯关夺隘、敢于胜利的拼搏。

在前进道路上，我们仍然会面临各种各样的风险挑战，会遇到各种各样的荆棘坎坷。但是，任何人任何势力都不能阻挡中华民族实现伟大复兴的历史步伐。我们必须弘扬伟大抗战精神，以压倒一切困难的决心和勇气，敢于斗争，善于创造，锲而不舍地为实现中华民族伟大复兴而奋斗，直至取得最后的胜利。

"意志也者，固人生事业之先驱也。"意志顽强者，能够始终锚定目标不言弃，想方设法攻克难关；意志薄弱者，往往在自宽自解中浅尝辄止、半途而废。新时代新征程，风险、挑战必不可少，同学们更加需要磨炼坚定不移的强大意志力。

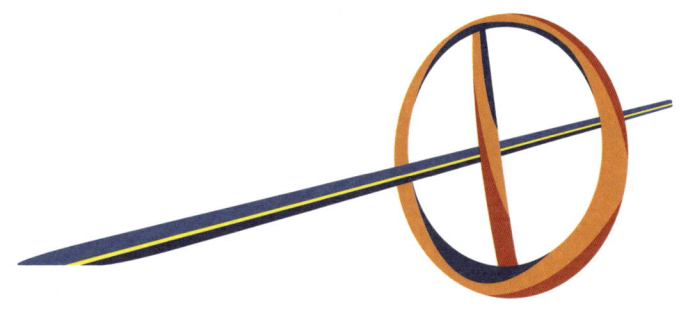

日影轻移意相随，
追赶光阴看我辈。
只争朝夕趁华年，
壮心逸飞宏图绘。

学校《日晷》雕塑，位于力行楼后。

议一议

话题 1

　　世界上有两样东西亘古不变,一是高悬在我们头顶上的日月星辰,一是深藏在每个人心底的情怀和信仰。对于黄旭华来说,是什么样的意志品质在支持着他?让我们来讨论一下。

话题 2

网络学习时代来临，我们看到了一些希望，于是跟着报了很多课，买了很多书，希望能立即改变自己。但读书的"艰难"与买书的"惬意"简直相差十万八千里。讨论一下，要拥有哪些品质才能意志坚定，几十年如一日？

写一写

弘毅宽厚，汉语成语，意思是志向远大而待人宽大厚道。弘毅，意志坚强，志向远大。出自《三国志·蜀书·先主传》："先主之弘毅宽厚，知人待士，盖有高祖之风，英雄之器焉。"

请结合以上文字，自拟题目，写一篇关于弘毅宽厚的800字议论文。

做一做

活动 1

选择你的一位专业导师,做一次访谈,了解导师的从业历程及其对所从事职业的认识,向他请教个人学习、职业发展的"秘诀",完成以下练习。

导师姓名:_____ 年龄:_____ 职称:_____

从业年限:_____

取得的荣誉:_____

(1)简要介绍这位专业导师的工作内容及主要事迹(100字以上)。

(2)结合所学内容,在专业导师帮助下拟定学习规划、职业发展规划(可以是长期规划,也可以是中短期规划)。

活动 2

作为当代大学生，我们责无旁贷地肩负着国家未来的重任。我们当紧随党的脚步，以全心全意为人民服务的思想来回报社会，回报党和祖国对我们一路的栽培之恩。乌鸟反哺，羔羊跪乳，栽培之恩，怎可抛之脑后！历史的车轮滚滚向前，我们将接过前辈手中的接力棒，为我们国家的未来而努力奋斗。

让我们都参与到做一做，选择一项大学生公益事业活动，并在每个假期都参与其中，通过自己的所作所为感染更多的人。把自己心中积极的价值观融入到生活中去，用善良的观念影响更多的人，这从某种程度上就是兼善天下。

评一评

意志力测试

你能坚持下去吗？扫一扫，立即参与测试。

意志力测试

视频拓展

短视频：今日中国，如你所愿。

今日中国，如你所愿

短视频：【祭·英烈】中国的未来，拜托了！

【祭·英烈】
中国的未来，拜托了

士不可以不弘毅

　　每每看到科研尖兵、优秀专家、学术带头人等典型人物的事迹，心头总有一番特别的感动。那种担当道义、践行所学、锐意进取的精气神，传递着激励人心的力量。

　　知识分子的精神状态，可说是时代风貌的生动注脚。自古以来，知识分子总能立时代之潮头、通古今之变化、发思想之先声，凝聚起向上向善的正气。从先秦诸子到"班马""李杜"，从严复、林纾到钱学森、邓稼先、黄大年、李保国……他们或皓首穷经、寄身翰墨，或潜心钻研、探求真理，或筚路蓝缕、以启山林。博学笃行的精神，求真务实的态度，为更多人照亮了前行的道路。迈步新时代，知识分子承载着新期待，唯有怀抱"士以弘道"的价值追求，激发学有所长、术有专攻的自身优势，才能不断提振精气神、成就新作为。

　　"士不可以不弘毅，任重而道远。"攀登知识和创新的高峰，离不开吃苦不言苦、知难不畏难的进取精神，既要志向远大，也要意志坚强。今天，围绕经济竞争力的核心关键、社会发展的瓶颈制约、国家安全的重大挑战等方面的创新实践，只会比以往难度更大。如果缺乏坚韧的意志、勇毅的精神，没有一股"于满是荆棘的荒野里踏出一条路"的闯劲，就难以取得新突破、开辟新天地。"种子专家"钟扬扎根青藏高原16年，"吃最苦的苦"，为未来留下了4000万颗种子；"高铁二等座院士"刘先林两获国家科技进步一等奖，背后是他年近八旬依然"永不停歇"的工作身影。求知求学、科研攻关，没有捷径可走。知识分子不必做苦行僧，但不能不下苦功夫。

　　肩负时代赋予的重任，还当砥砺博学、审问、慎思、明辨、笃行的学术精神，真正把做人、做事、做学问统一起来。"中国核潜艇之父"黄旭华回忆我国第

延伸阅读

一代核潜艇的研制时说,当时没有计算机,只能用算盘进行海量复杂的运算,"常常为了一个数据……日夜不停地计算,争分夺秒"。如果没有严谨的治学态度与求是的科学精神,小小算珠如何能撬动大国重器的梦想?今天,物质日渐丰盈,设施日臻完善,一些人却丢掉了优良学风和务实态度,急功近利、东拼西凑、捏造数据、粗制滥造,只求著作等"身",不求著作等"心"。如此这般,何谈以深厚的学识赢得尊重、以高尚的人格引领风气?唯有端正学风,真做学问、做真学问,方能造福国家、成就自我。

知者行之始,行者知之成。行动能力,检验着一个人的实践品格。身处大有可为的历史机遇期,面临不容忽视的风险与挑战,我们还有一些关键技术被"卡脖子",还有不少领域尚在"跟跑"阶段,亟待知识分子为改革发展提供更多智力支撑、创新支撑。面向现实问题、砥砺实践精神,将知行合一落在实处,知识分子才能把握时代机遇,充分实现人生价值。

非"弘"不能胜其重,非"毅"无以致其远。赓续"弘道"之追求、"弘毅"之精神,为祖国和人民立德、立功、立言,当代知识分子必将在新时代的伟大实践中,成就无悔人生、唱响奋进之歌。

初心不改 奋斗不息

他的名字曾经是国家的最高机密,他一生充满传奇,他曾是逃亡十年的烈士遗孤,当过小政治犯、小乞丐。他就是我国核潜艇首任总设计师、中国核动力事业的开拓者和奠基人,著名核动力专家彭士禄院士。

1927年,彭士禄的母亲蔡素萍背插着"共匪苏维埃妇女主席"的标签,被国民党押往海丰老头车刑场,牺牲时年仅31岁。此时,不满3岁的彭士禄,形成了他一生中最早的记忆——逃亡。母亲牺牲后的第二年,父亲彭湃也遭到叛徒出卖,在上海唱着国际歌英勇就义。父母牺牲改变了彭士禄的一生,为了躲避国民党政府的"斩草除根",彭士禄开始了颠沛流离的生活,经历了常人难以想象的牢狱之灾,甚至一度沦为乞丐,直到1940年被接到延安,这才结束流浪的生活。

在延安中学学习时,彭士禄常常对同学们说:"我们的父母经过残酷的斗争,流血牺牲了,要不好好学习,怎么对得起自己的父母亲,怎么对得起党?"1951年,24岁的彭士禄以优异的成绩通过留苏考试,前往苏联喀山化工学院机械系学习化工机械专业。因为彭士禄留苏期间学习成绩好,党组织决定让他去学核动力。1958年4月,彭士禄在苏联以全优成绩完成了原子能核动力专业学习,回到祖国。

1959年,苏联以技术复杂、中国不具备条件为由,拒绝为研制核潜艇提供援助。从此,自力更生、艰苦奋斗成为彭士禄和同事们必须面对的现实。当时国家经济困难,人才奇缺,但彭士禄和同事们士气高昂。"困难时期,我们都是吃着窝窝头搞核潜艇,有时甚至连窝窝头都吃不饱。粮食不够,挖野菜、白菜根吃……那时没有电脑,就拉计算尺、敲算盘,那么多的数据,就是这样没日没夜算出来的。"彭士禄回忆说。

延伸阅读

　　彭士禄带领着自己的团队，硬是用计算尺和手摇计算器搞出来十几万个数据，最终确定了核潜艇动力装置所需要的100多个关键数据。用了不到三年时间，彭士禄完成了核潜艇上面专用核动力装置的基本参数的设定。

　　1970年12月26日，这是一个令国人激动不已的日子，我国第一艘核潜艇"长征一号"缓缓驶入了茫茫大海，整个核潜艇的零件全部是自主研发，没有用外国的一颗螺丝钉。彭士禄直接使我国晋升为世界上第5个掌握核潜艇的国家。

　　几十年的时间里，彭士禄带队打赢了一场又一场核电领域的拓荒之战。2021年3月22日，为祖国"深潜"一生的彭士禄院士走了，遵照他的嘱托，他将永远与大海相伴，永远守望祖国的海洋。从烈士遗孤到杰出的中国核动力科学家，彭士禄历经风霜雨雪的嬗变，坚韧不拔，为世人所赞赏。历史是多情的，中国没有忘记，人民没有忘记，与核相伴一生的彭士禄院士。他的故事，我们始终铭记，他的精神，我们去传承。

参考文献

[1] 吕大炜，潘拥军，梁吉坡.地下乌金：煤 [M].济南：山东科学技术出版社，2016.

[2] 张宝秀，张景秋.乌金留痕 [M].北京：北京出版社，2019.

[3] 史修永.乌金问道：煤矿作家访谈录 [M].北京：煤炭工业出版社，2017.

[4] 刘长明.关于艰苦奋斗的哲学思考 [J].山东师范大学学报（人文社会科学版），1999（5）：46.

[5] 张一兵.马克思历史辩证法的主体向度 [M].南京：南京大学出版社，2002.

[6] 姚军.奋斗论 [M].苏州：苏州大学出版社，2013.

[7] 彭新宇，陈承欢，陈秀清.职业素养的诊断与提高 [M].北京：电子工业出版社，2018.

[8] 人力资源社会保障部教材办公室.职业素养 [M].北京：中国劳动社会保障出版社，2019.

[9] 人力资源社会保障部教材办公室.工匠精神 [M].北京：中国劳动社会保障出版社，2019.

[10] 人民日报评论部.习近平用典（第一辑）[M].北京：人民日报出版社，2018.

[11] 人民日报评论部.习近平用典（第二辑）[M].北京：人民日报出版社，2020.

[12] 谢寒梅.诚信赢天下 [M].北京：台海出版社，2015.

[13] 潘维.士者弘毅 [M].北京：中国人民大学出版社，2019.

[14] 陈宝良.明代士大夫的精神世界 [M].北京：北京师范大学出版社，2017.

[15] 王宏甲.中国天眼：南仁东传 [M].北京：北京联合出版公司，2019.